Hermkes

Personalcontrolling

„Nicht die Glücklichen sind dankbar.
Es sind die Dankbaren, die glücklich sind.“
(Francis Bacon)

Ich danke meiner Familie und meinem Freund für ihre Unterstützung.

Und auch meinem Professor, Dr. Peter Pulte, bin ich zu großem Dank verpflichtet.

Katharina Hermkes

Personalcontrolling

Kompaktwissen für die Praxis

Verlag Personal, Recht, Management Ltd.

Bibliographische Information der deutschen Nationalbibliothek
Die Deutsche Nationalbibliothek verzeichnet diese Publikation in der Deutschen Nationalbibliographie; detaillierte bibliographische Daten sind im Internet über http://dnb.d-nb.de abrufbar.

Niederlassung Deutschland: Lindlaustr. 2a, 53842 Troisdorf

Umschlagskonzeption: Verlag Personal, Recht, Management Ltd.
Titelbild: © Benjamin Thorn / PIXELIO
Satz: Verlag Personal, Recht, Management Ltd.
Druck: Books on Demand GmbH, Norderstedt
Printed in Germany, September 2012

ISBN 978-3-941388-45-1

Vorwort

Im Personalwesen spielt das Personalcontrolling eine immer bedeutendere Rolle, da es sowohl als Kontrollsystem als auch als Unterstützungsfunktion verwendet werden kann.

Mit Hilfe des Personalcontrollings kann der Wert der Mitarbeiter für das Unternehmen besser bestimmt werden. Es zeigt, inwieweit die Belegschaft zur Unternehmensstrategie, den Unternehmenszielen und somit auch dem Unternehmenswert beiträgt.

Mit Hilfe der so ermittelten quantitativen Größen fällt es leichter, das Humanvermögen nicht nur als Kostenfaktor sondern auch als Investition zu sehen. Die Bedeutung, die der Mensch für das Unternehmen hat, wird hervorgehoben und kann belegen, dass sich Investitionen in die Mitarbeiter und deren Qualifikationen langfristig lohnen um den Wert des Unternehmens zu steigern. Es ist so aber auch möglich aufzudecken, wenn einzelne Mitarbeiter nicht über die nötige Qualifikation oder Motivation verfügen.

Insbesondere die zahlreichen Methoden und Instrumente des Personalcontrollings sollen hier hervorgehoben werden, da diese je nach Unternehmenszielen, -größe und -mitteln variieren können.

Aus Gründen der Übersichtlichkeit und besseren Lesbarkeit wird weitestgehend auf Literaturhinweise und zu detaillierte Schilderungen verzichtet.

Inhaltsverzeichnis

Abkürzungsverzeichnis

Abb.	Abbildung
Abs.	Absatz
ACs	Assessment Center
AFG	Arbeitsförderungsgesetz
BBiG	Berufsbildungsgesetz
BDSG	Bundesdatenschutzgesetz
BetrVG	Betriebsverfassungsgesetz
BGB	Bürgerliches Gesetzbuch
BSC	Balanced Scorecard
Bsp.:	Beispiel
bzgl.	bezüglich
bzw.	beziehungsweise
d. h.	das heißt
d.	der/die/das/des/durch
EU	Europäische Union
evtl.	eventuell
grds.	grundsätzlich
JArbSchG	Jugendarbeitsschutzgesetz
KZS	Kennzahlensystem
lt.	Leitende
MA	Mitarbeiter
Nr.	Nummer

S.	Satz
SGB	Sozialgesetzbuch
sog.	sogenannte
SWOT	Strengths, Weaknesses, Opportunities, Threats
Tab.	Tabelle
u. a.	unter anderem
u.	und
usw.	und so weiter
v.	von
vgl.	vergleiche
z.B.	zum Beispiel

1 Einleitung

Der Inhalt dieser Arbeit umfasst das Personalcontrolling mit seinen Aufgaben, Ausprägungen, Zielen und Methoden. Doch zunächst soll kurz darauf eingegangen werden, was Controlling im Allgemeinen und Personalcontrolling im Speziellen bedeutet.

Der Begriff Controlling stammt aus dem angelsächsischen und wurde ursprünglich „comtrolling“ geschrieben. Dies lässt darauf schließen, dass der Begriff vom französischen „le comptoir“ bzw. von „compter“, was so viel wie zählen bedeutet, abstammt. Erst später wurde daraus der Begriff „controlling“ der in der Übersetzung viele Bedeutungen haben kann, wie z.B. kontrollieren, überwachen, steuern, leiten, beaufsichtigen oder beherrschen.

Hier sind nur einige, der in der Literatur verwendeten Definitionen aufgeführt, um zu erklären, was genau eigentlich unter Controlling und Personalcontrolling zu verstehen ist.

„Controlling ist der zukunftsorientierte Regelkreis aus Zielsetzung, Planung und Statistik, Datenauswertung, Information und Steuerung.“[1]

„Damit ist Controlling

- *Ein Steuerungssystem, das führungsunterstützend arbeitet und für*
- *Transparenz von Handlungen sorgt,*
- *Eine Servicefunktion, der zufolge Führung beraten und entlastet wird,*
- *Eine Querschnittsfunktion über alle Bereiche und Ebenen des Unternehmens hinweg.“*[2]

Personalcontrolling ist die umfassende Überprüfung von Kosten, Maßnahmen und Entwicklungen um die gesamte Personalarbeit zu steuern.

---

[1] Bröckermann, Reiner: Personalwirtschaft, S. 22

[2] Ziegenbein, Klaus: Kompakt-Training Controlling, S. 24

„Es verbindet den Prozess der Planung, Kontrolle und Steuerung mit der Informationsversorgung. Grundlagen sind demnach:

- *Personalplanung, der die Ziele der Personalwirtschaft zu Grunde liegen.*
- *Personalkontrolle, die aus Überwachung und Untersuchung besteht.*
- *Informationsversorgung als Weitergabe bzw. Mitteilung von Daten, die zweckmäßigerweise in einem Berichtssystem erfolgt.“*[3]

„Das Personalcontrolling beschränkt sich nicht auf die Planung und die Errechnung vergangenheitsbezogener Daten. Wichtig ist die vorwärts orientierte Betrachtung durch das Aufzeigen von Trends und die Ursachenermittlung.“[4]

Es besteht die Möglichkeit, Controlling bildhaft als kybernetisches System darzustellen, Kybernetes ist ein aus dem griechischen stammender Begriff für Steuermann. Dieses hier metaphorisch dargestellte System lässt sich auch auf ein Unternehmen übertragen.

Das kybernetische System eines Unternehmens sehe dann folgendermaßen aus:

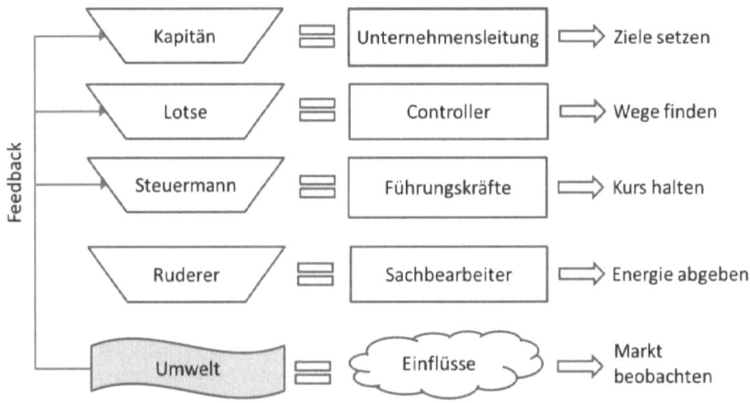

Abb. 1 Kybernetisches System bezogen auf Unternehmen

[3] Olfert, Klaus: Kompakt-Training, Personalwirtschaft, S. 260
[4] Bröckermann, Reiner: Personalwirtschaft, S. 22

In Anschluss an die hier beschriebenen Definitionen, um den Begriff Personalcontrolling zu erklären, möchte ich auf die historische Entwicklung des Personalcontrollings eingehen.

2 Historische Entwicklung

Der Ursprung des Personalcontrollings liegt in den 60er Jahren des 20. Jahrhunderts und basiert auf dem Human Ressource Accounting. Hauptziel dieses Ansatzes war es den Wert der Investitionen in das Humanvermögen festzustellen. Die eigentliche Entwicklung von Personalcontrollingkonzepten erfolgte jedoch erst in den 80er Jahren als sich das Controlling differenzierte.

Das Personalcontrolling wird auf sämtliche Prozesse und Strukturen des Unternehmens angewendet, die die Arbeitsleistung der Mitarbeiter betreffen.

Der erste detaillierte Ansatz zum Thema Personalcontrolling wurde 1986 von Potthoff und Trescher erarbeitet. Dieser Ansatz befasste sich vor allem mit Personalplanung, Kontrolle, Berichtwesen und der Entwicklung von Informationsgrundlagen für die Entscheidungsfindung. Es wurden insbesondere die Personalkosten und quantitativen Faktoren betrachtet, die Einfluss auf die Leistung der Mitarbeiter haben.

Im gleichen Jahr noch gab es einen gegensätzlichen Ansatz von Lingenfelder und Thomas, wonach Personalcontrolling der Aufbau eines Personalinformationssystems ist. Mit diesem System, sollte die Personalplanung formalisiert, vereinheitlicht und vor allem gewährleistet werden.

Im Jahre 1987 entwickelten Wunderer und Seiler diesen Denkansatz des Personalcontrollings weiter. Der Hauptaspekt ihres Ansatzes umfasst das ökonomische Denken, Handeln und Entscheiden im Personalbereich. Sie differenzieren das Controlling in verschiedene Teilbereiche:

- Kostencontrolling,
- Wirtschaftlichkeitscontrolling,
- Erfolgscontrolling.

Der ganze Ansatz wurde 1990 von Wunderer nochmal erweitert, indem er neben den bis dahin ausschließlich quantitativen Personalcontrollingideen auch qualitative Aspekte, wie z.B. das Betriebsklima usw., einbezog.

Brinkmann ergänzte 1991 den Wunderer-Ansatz noch um den Punkt Unternehmenskultur, da er der Ansicht war, dass diese Einfluss auf das Verhalten der Mitarbeiter hat.

Im Jahr 1989 wurde ein anderer Aspekt des Controllings durch Marr aufgegriffen. Er sah das Personalcontrolling als strategischen Prozess und nicht einfach als Instrument oder Methode. Marr vertrat die Annahme, dass das strategische Management ein Personalcontrolling braucht, um Humanressourcen richtig nutzen, lenken und kontrollieren zu können, damit das vorliegende Erfolgspotenzial langfristig aufrecht erhalten werden kann.

Eine weitere Überlegung zu diesem Thema stammt von Schulte aus dem Jahr 1989. Er unterschied drei Ansätze:

1. Kostenanalytischer Ansatz

   Dieser Ansatz erfasst und analysiert die Kosten von personalwirtschaftlichen Maßnahmen.

2. Human Ressource Accounting

   Bei diesem Ansatz werden die für die Mitarbeiter entstehenden Kosten mittels Investitionsrechnung bewertet.

3. Kennzahlenorientierter Ansatz

   Kerngedanke dieses Ansatzes ist die systematische und ständige Bildung von Kennzahlen, damit die Aussagekraft gestärkt werden kann.

Wunderer erweiterte seine Ansätze zum Personalcontrolling im Jahre 1994 gemeinsam mit Schlagenhaufer erneut, indem sie die personalwirtschaftliche Wertschöpfung als zentralen Punkt darstellen. In diesem Zusammenhang befassen sich Wunderer und Schlagenhaufer mit verschiedenen personalwirtschaftlichen Funktionen, wie z.B. der Personalplanung, Personalbeschaffung, Personalerhaltung und Personalentwicklung. Dieses Konzept des Wertschöpfungscenter erweiterte er 1999 gemeinsam mit Jaritz erneut. Dieser Ansatz vermittelte den Eindruck, dass es möglich ist, den Erfolg von Personalarbeit zu messen und zu differenzieren.

Erst in der jüngeren Vergangenheit hat sich das Denken über Mitarbeiter verändert. So werden Mitarbeiter nicht mehr nur als Kosten bzw. Aufwand angesehen, sondern auch als Leistungsträger des Unternehmens wahrgenommen, die eine Investition lohnenswert machen, damit in der Zukunft Überschüsse erzielt werden können.

Zusammenfassend kann festgestellt werden, dass das Personalcontrolling die Arbeitsleistung der Mitarbeiter als Fundament für die betriebliche Wertschöpfung ansieht und deshalb den Focus auf die Arbeitnehmer richtet.

Zur Veranschaulichung hier noch einmal ein kurzer tabellarischer Überblick über die historische Entwicklung des Personalcontrollings.

Tab. 1 Historische Entwicklung ein kurzer Überblick

Jahr	Entwickler	Merkmale des Personalcontrolling
1986	Potthoff / Trescher	drei Funktionen: 1. Planung 2. Kontrolle 3. Abweichungsanalyse (strategisch u. operativ)
1987	Wunderer / Sailer	drei Ebenen: 1. Kosten-Controlling 2. Effizienz-Controlling 3. Effektivitäts-Controlling
1989	Schulte / Wunderer	ausgeprägte Kennzahlenorientierung
1990	Papmehl	strategisches Plan- und Steuerungsinstrument
1992	Wunderer	Instrument zur Evaluation des Personalmanagements
1993	Hentze / Kammel	umfassendes Konzept zur Gestaltung personalwirtschaftlicher Systeme und zur Bereitstellung wichtiger Informationen
1998	Haunschild	drei Perspektiven: 1. verhaltenswissenschaftliche 2. ökonomische 3. organisatorische
	Wimmer / Neuberger	drei Perspektiven: 1. ökonomische 2. Management 3. politische
1999	Wunderer / Jaritz	Personalcontrolling gekoppelt mit Bewertungssystemen

3 Arten des Controlling

Es gibt verschiedene Arten von Controlling wie z.B. quantitatives, qualitatives, operatives, strategisches, faktor- und prozessorientiertes Controlling. Auf diese Formen von Personalcontrolling und ihre Unterscheidungsmerkmale wird im Folgenden eingegangen.

3.1 Quantitatives und qualitatives Personalcontrolling

Das quantitative Personalcontrolling befasst sich mit den Bereichen für die Mengen und Werte ausschlaggebend sind. Es kann dabei zwischen faktororientierten und prozessorientierten Zahlen unterschieden werden.

faktororientierte Zahlen:	prozessorientierte Zahlen:
- Altersstruktur	- Produktivität d. Personalbeschaffung
- Frauenquote	- Effizienz d. Beschaffungswege
- Fehlzeiten	
- Gehaltsstruktur usw.	

Grundsätzlich ist eine Unterscheidung zwischen operativem und strategischem Controlling möglich, wobei Ersteres quantitativer Natur ist und die Steigerung der Effizienz anstrebt. Das strategische Controlling hingegen ist eher qualitativ ausgerichtet und zielt auf die Effektivität von verwendeten Maßnahmen ab.

3.2 Operatives und strategisches Personalcontrolling

Operatives Personalcontrolling dient dazu, sich wiederholende Arbeitsgänge und Aufgaben des Tagesgeschäfts zu unterstützen. Diese Art des Controllings geht von den Führungskräften aus.

Strategisches Personalcontrolling dient in erster Linie der Überprüfung der Personalstrategie und der Umsetzung eben dieser in Ziele und sich daraus ergebende Maßnahmen. Das strategische Personalcontrolling erfolgt durch die Personal- oder Unternehmensleitung.

Die beiden Personalcontrolling-Arten unterscheiden sich folgendermaßen:

Tab. 2 Unterscheidung von operativem und strategischem Personalcontrolling im Überblick

	Operatives Personalcontrolling	**Strategisches Personalcontrolling**
Größen	Überwiegend quantitativ	eher qualitativ aber auch quantitativ
Ausrichtung	nach Innen	nach Außen
Zukunftsorientierung	begrenzt	unbegrenzt
Ziel	Optimierung von Prozessen	Personalplanung soll in Unternehmensplanung integriert werden

3.3 Faktororientiertes und prozessorientiertes Personalcontrolling

Unter dem Begriff Personalcontrolling ist das Controlling des Personals selbst aber auch das Controlling der Personalarbeit zu verstehen. Bei Ersterem handelt es sich um faktororientiertes Personalcontrolling.

Bei dieser Art von Controlling stehen unternehmensweite Betrachtungen zur Steuerung des betriebswirtschaftlichen Faktors Arbeit im Vordergrund.

Folgende Fragen müssen in diesem Zusammenhang betrachtet werden:

- Anzahl der Mitarbeiter?
- Was kosten diese?
- Was leisten sie?
- Welche Aufwendungen werden für die Erhaltung bzw. Entwicklung der Mitarbeiter benötigt.

Das faktororientierte Personalcontrolling umfasst nachfolgende Anwendungsgebiete:

- Erfassung und Pflege von Daten
- (bzgl. Qualifikation, Potential und Struktur)

- Qualitative Personalplanung
- Personalentwicklung
- Mitarbeiterbefragungen
- Aufbau und Pflege einer Informationsstruktur

Um all diesen Gebieten gerecht werden zu können, bedient sich das faktororientierte Personalcontrolling bestimmter Kennzahlen, wie z.B. der Altersstruktur, Fehlzeitenquote, Lohn- und Gehaltssumme, Personalzusatzkostenquote usw..

Ziel dieses Controllingansatzes ist es, den Faktor Arbeit, in Form von Personal, optimal einzusetzen. Besonders unternehmensweite Betrachtungen und Analysen zur Personalsteuerung sind dabei von Bedeutung.

Das prozessorientierte Personalcontrolling zielt auf Kosten, Effizienz und Effektivität ab. Ziel ist es die Personalarbeit zu optimieren. Der Fokus liegt hier also auf allen Handlungen des Controllings, die den Personalbereich betreffen. Das Hauptaugenmerk liegt dabei auf der Prozessoptimierung des Personalbereichs und der Kundenorientierung.

Faktororientiertes und prozessorientiertes Personalcontrolling unterscheiden sich also folgendermaßen:

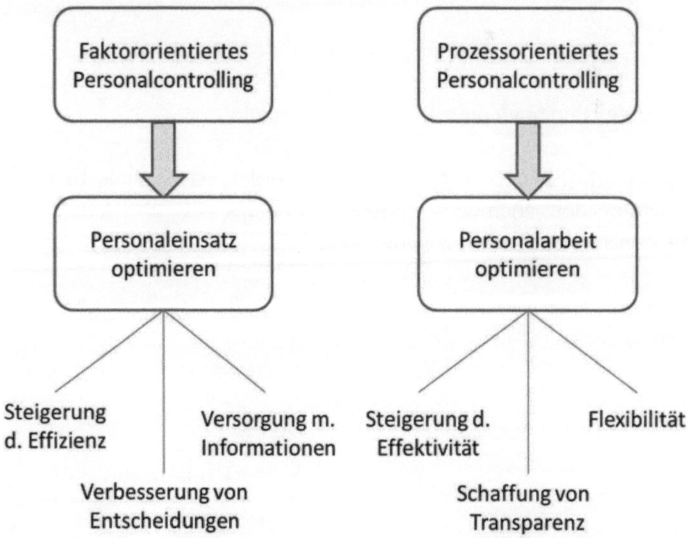

Abb. 2 Unterscheidung von Faktor- und prozessorientiertem Personalcontrolling

Auch wenn sich die beiden Arten des Controllings unterscheiden, ist der Übergang zwischen faktor- und prozessorientiertem Personalcontrolling fließend.

Die eben beschriebenen Formen des Controllings lassen sich wie folgt darstellen.

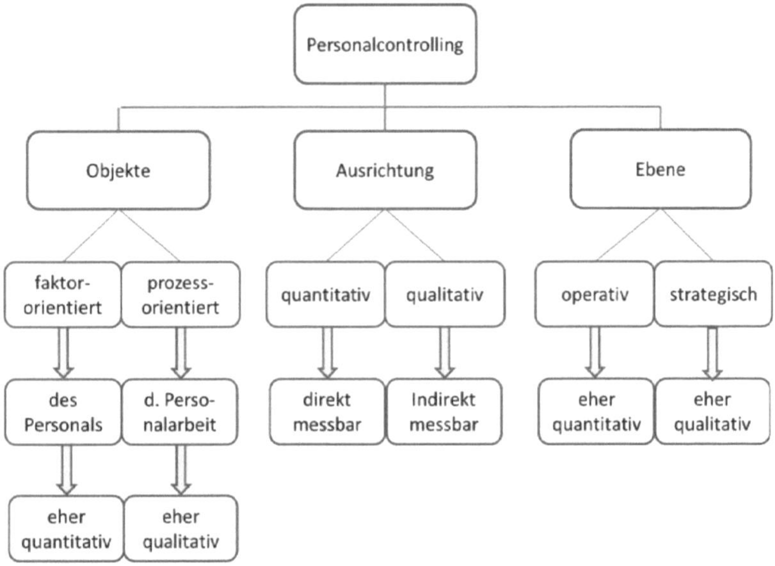

Abb. 3 Arten des Personalcontrollings im Überblick

Das Personalcontrolling hat nicht nur wie eben dargestellt viele Erscheinungsformen, es dient auch der Erfüllung zahlreicher Aufgaben und Ziele, auf die im Anschluss näher eingegangen wird.

4 Aufgaben und Ziele von Personalcontrolling

4.1 Aufgaben des Personalcontrollings

Die wichtigste Aufgabe des Personalcontrollings ist die Unterstützung der Personalverantwortlichen bei verschiedenen Planungsaktivitäten. So sollen personelle Maßnahmen einen positiven Beitrag für die personalwirtschaftlichen und die Unternehmensziele leisten.

Neben der eben geschilderten Hauptaufgabe, hat das Personalcontrolling diverse weitere Aufgaben.

Kernaufgaben sind z.B.:

1. Sicherstellung und Verbesserung von Informationsversorgung und Berichterstattung.

   Dazu gehören die:

   - Ermittlung des Informationsbedarfs,
   - Informationsbeschaffung u. -aufbereitung,
   - Übermittlung der entscheidungsrelevanten Daten an Personalverantwortliche und Vorgesetzte

   Um dem Gerecht zu werden ist es nötig Informationssysteme zu planen, zu implementieren, zu nutzen und vor allem kontinuierlich zu aktualisieren.

2. Schaffung von Transparenz

   So soll der Beitrag der Personalarbeit zum Unternehmenserfolg sichergestellt werden.

3. Frühzeitige Einschätzung von Trendauswirkungen, Entwicklungen bzw. Ereignissen auf das Unternehmen und Personalmanagement

   Entscheidungsträgern wird es so möglich bei Risiken oder Chancen zielgerichtete Maßnahmen zu ergreifen. Ein Risikomanagement ist hier von Bedeutung.

4. Sensibilisierung von Führungskräften für personalwirtschaftliche Ziele

   Durch das Aufzeigen der Folgen von Maßnahmen wird den Entscheidungsträgern die Bedeutung personalwirtschaftlicher Ziele verdeutlicht.

5. Beschreibung und Steuerung aller Personalprozesse

   Leistungen des Personalbereichs sollen auf Kundenanforderungen ausgerichtet werden

   - optimale Gestaltung aller personalwirtschaftlichen Prozesse und Gewährleistung eines entsprechenden Prozessablaufs

6. Steigerung der Effektivität und Effizienz durch Optimierung der Kosten und Qualität

   Personalcontrolling hilft dabei, personalwirtschaftliche Maßnahmen so zu bewerten und zu gestalten, so dass sie optimiert werden können. Dadurch soll die Effektivität und Effizienz von Maßnahmen sichergestellt werden. Effektivität meint hier, wie geeignet eine Maßnahme ist um geplante Ziele zu erreichen. Die Effizienz hingegen bezieht sich auf die Relation von Kosten und Nutzen einer Maßnahme.

7. Koordination und Integration personalwirtschaftlicher Funktionen

   Damit ist die Abstimmung einzelner Maßnahmen und Prozesse bezogen auf ein übergeordnetes Ziel gemeint. Dies ist möglich indem Systeme der Planung, Kontrolle und Informationsversorgung gestaltet und überwacht werden.

Die Aufgaben des Personalcontrollings lassen sich grundsätzlich. aus dessen Zielen ableiten. Es können dabei folgende Aufgabengebiete unterteilt werden:

- Informationsaufgaben

  (Gestaltung von Informationsversorgungssystemen und Informationsgewinnung)
- Dienstleistungsaufgaben für das Informationsmanagement

  (Gestaltung von Personalplanungs-, Personalkontrollsystemen und personalwirtschaftlicher Erfolgskontrolle)
- Kontrollaufgaben

  (Informationsfluss und Abstimmung mit anderen Unternehmensbereichen)
- Koordinations-/Moderationsaufgaben

  (Aufrechterhaltung d. Dialogs zwischen den verschiedenen Unternehmensbereichen und der Personalabteilung)

4.2 Ziele des Personalcontrollings

Grundsätzlich sollten die Ziele des Personalcontrollings denen der personalwirtschaftlichen, aus den Unternehmenszielen abgeleiteten Zielen entsprechen.

Abb. 4 Ableitung d. Personalcontrollingziele aus den Unternehmenszielen

Personalcontrolling kann das Ziel haben, den Entscheidungsbereich der Unternehmenspolitik und die Sichtweise der Personalverantwortlichen zu erweitern.

Eine solche Erweiterung soll durch die systematische Analyse, Steuerung, Planung und Kontrolle der gesamten Personalarbeit möglich werden. Personalcontrolling kann aber auch auf die Optimierung von Prozessen, Strukturen, Maßnahmen oder Verhaltensweisen abzielen. Auch die Herstellung von Transparenz gerade im Kostenbereich gehört zu den Zielen des Personalcontrollings.

Personalcontrolling kann dabei sowohl ökonomisch als auch sozial ausgerichtet sein.

Die oben beschriebenen Aufgaben und Ziele können je nach Unternehmensbereich variieren. So richten sich die Informationen, die mittels Personalcontrolling erworben werden an verschiedene Adressaten. Aus diesem Grund gibt es unterschiedliche Ebenen des Personalcontrollings. Diese Ebenen werden nachfolgend erläutert.

5 Ebenen des Personalcontrollings

Das Personalcontrolling ist für viele Bereiche und Personen im Unternehmen gedacht und liefert ihnen Informationen. All diese Adressaten haben eigene Ansprüche und Erwartungen an die Daten. Um dem gerecht werden zu können, gibt es verschiedene Personalcontrollingebenen.

5.1 Effektivitäts-Controlling bzw. Erfolgs-Controlling

Diese Art von Controlling zeigt den Beitrag der Personalarbeit zum Unternehmenserfolg. Ferner soll hinterfragt werden, wie zweckmäßig personalwirtschaftliche Aktivitäten sind.

5.2 Effizienz-Controlling bzw. Wirtschaftlichkeits-Controlling

Hierbei werden personalwirtschaftliche Prozesse auf ihre Produktivität untersucht. Dies geschieht, indem der tatsächliche Einsatz von Ressourcen mit dem Geplanten verglichen wird.

5.3 Kosten-Controlling bzw. kalkulatorisches Controlling

Das Kosten-Controlling ist die zyklische Planung und Kontrolle der Kosten des Personalbereiches. Dies umfasst sowohl die Personalkosten, als auch die Kosten der Personalabteilung.

Diese Form von Controlling hat die Aufgabe zu überprüfen, ob Budgetvorgaben eingehalten werden.

Einer der wichtigsten Punkte des Personalcontrollings ist die Struktur des Personals, denn diese gibt Aufschluss über die Zusammensetzung, Qualifikation und somit auch über die Kosten des Personals.

6 Personalstruktur als Personalcontrolling

6.1 Personalstruktur

Für das Personalcontrolling spielt insbesondere die Struktur des Personals eine bedeutende Rolle. Es ist extrem wichtig die Zusammensetzung der Belegschaft zu kennen und über ausreichende und vielseitige Informationen bezüglich des Personals zu verfügen. Besondere Bedeutung sollte dabei folgenden Aspekten beigemessen werden.

- Alter:

  Bei einer jungen Belegschaft beispielsweise ist mit aktuellen Qualifikationen zu rechnen, allerdings kann es hier auch zu einer erhöhten Fluktuation kommen, die mit Kosten verbunden ist.

  Bei einer alten Belegschaft kann es evtl. zu Engpässen kommen (Mitarbeiter, die in Rente gehen), was auch mit hohen Kosten verbunden wäre. Hinzukommt, dass § 147 a SGB III eine Erstattungspflicht des Arbeitslosengeldes und der Beiträge zur Kranken-, Pflege- und Rentenversicherung vorsieht, wenn der Arbeitnehmer das 55. Lebensjahr vollendet hat. Es ist aber zu erwähnen, dass diese Vorschrift auch Befreiungstatbestände enthält.

- Geschlecht:

  Viele Unternehmen entschließen sich auch heute noch lieber Männer zu beschäftigen, um so einem Ausfall infolge von Mutterschaft zu entgehen.

- Familienstand:

  Ledige z.B. sind flexibler, dies kann ein Vorteil sein, es kann aber auch bedeuten, dass sie schneller bereit sind, das Unternehmen zu wechseln.

- Staatsangehörigkeit:

  Bei Beschäftigten aus anderen EU-Staaten ist dies problemlos, sollten Arbeitnehmer aber aus Drittländern stammen, ist auf Aufenthalts- und Arbeitsgenehmigungen zu achten.

- Befristung:

  Befristungen erleichtern die Beendigung eines Arbeitsverhältnisses zwar, bergen aber auf Grund von Termineinhaltungen einen höheren Aufwand.

- Zugehörigkeit zu einer Beschäftigtengruppe:

  Die Zugehörigkeit zu einer bestimmten Gruppe von Beschäftigten, wie z.B. lt. Angestellten, Leih- oder Heimarbeitern kann die Entgeltform und -höhe, sowie die Abhängigkeit von Tarifverträgen beeinflussen. Insbesondere bei Beschäftigten mit Behinderung sein andere gesetzliche Bestimmungen ausschlaggebend.

- Arbeitszeitmodell:

  Es kann sowohl zu viele als auch zu wenige Arbeitszeitmodelle geben, beides kann sich negativ auf das Unternehmen auswirken. Die Ausgestaltung der einzelnen Modelle, wie z.B. Teilzeit, Gleitzeit oder Job Sharing geben Hinweise auf die Möglichkeiten des Einsatzes von Personal

6.2 Personalereignisse

Neben der eben beschriebenen Personalstruktur sind auch die laufenden Personalereignisse besonders wichtig für das Personalcontrolling.

Personalereignisse von Bedeutung sind z.B.:

- Einstellungen:

  Einstellungen bedeuten zum einen den Zuwachs von Qualifikation, zum anderen hohe Kosten.

- Personalbewegungen:

  Die Zu- bzw. Abgänge des Personals können durch verschiedene Gründe wie z.B. Todesfälle, Pensionierungen, Wehrdienst, Kündigungen, oder Versetzungen verursacht werden.

- Ausfallzeiten:

  Ausfallzeiten führen zu Kosten und können Probleme beim Personaleinsatz verursachen.

  Um diese Kosten zu reduzieren, ist es sinnvoll die Ursachen für Ausfallzeiten getrennt zu ermitteln. Zum Beispiel nach Ausfallzeiten durch Weiterbildung, Urlaub, Krankheit usw..

6.3 Personalbedarfsermittlung

Mit Hilfe der Personalbedarfsplanung soll der aktuelle und künftige Personalbedarf, der zur Erreichung der Unternehmensziele benötigt wird, ermittelt werden. So wird also festgestellt, wann, wie viel und welches Personal gebraucht wird.

Es sollten dabei nicht nur quantitative Aspekte, sondern auch bestimmte Strukturmerkmale innerhalb der Belegschaft beachtet werden.

Bei diesen Strukturmerkmalen handelt es sich beispielsweise um Folgende:

- Qualifikationsstruktur
- Behindertenquote
- Frauenquote
- Durchschnittsalter der Mitarbeiter
- Durchschnittliche Betriebszugehörigkeit

Bei der Personalstruktur stehen im Hinblick auf das Personalcontrolling folgende Größen im Mittelpunkt, wie Kosten, Zeit, Wirtschaftlichkeit sowie der Erfolg der Maßnahmen.

6.4 Personalbeschaffung

Die Personalbeschaffung hat die Aufgabe die erforderliche Anzahl von qualifizierten Arbeitnehmern zur richtigen Zeit für den geplanten Einsatzort zu finden.

Die Personalbeschaffung sieht dabei folgende Phasen vor:

1. Arbeitsmarktanalyse
2. Personalwerbung
3. Personalauswahl
4. Personaleinstellung

6.4.1 Arbeitsmarktanalyse

Bei der Arbeitsmarktanalyse werden Informationen gesammelt, die benötigt werden, um Entscheidungen personalwirtschaftlicher Natur zu treffen.

Außerdem soll sie der Bundesanstalt für Arbeit, die sich mit der überbetrieblichen Arbeitsmarktforschung befasst Unterlagen und Informationen zur Verfügung stellen, damit sozial- und wirtschaftspolitische Entscheidungen getroffen werden können.

Die Zuständigkeit und Aufgaben der Bundesanstalt für Arbeit ergeben sich aus den §§ 3 Abs. 2, 6 Abs. 1 AFG.

Die ermittelten Ergebnisse werden veröffentlicht. Zu den wichtigsten Kennzahlen des Arbeitsmarktes gehören z. B.:

- Anzahl der Schulabgänger
- Anzahl der Studienanfänger
- Anzahl der Hochschulabsolventen
- Arbeitslosenquote
- Anzahl der offenen Stellen

Gerade diese Kennzahlen müssen von den Unternehmen bei der langfristigen Personalplanung berücksichtigt werden.

6.4.2 Personalwerbung

Bei der Personalwerbung sollen der Tätigkeitsbereich und die Aufgaben des zukünftigen Mitarbeiters definiert werden. Ferner sollte eine Einordnung der zu besetzenden Stelle im Unternehmen erfolgen. Auch auf die Entwicklungs- und eventuellen Weitbildungsmöglichkeiten ist hinzuweisen.

Wie effizient die Personalwerbung ist, lässt sich ebenfalls anhand von Kennzahlen messen. Bei diesen Kennzahlen handelt es sich um Folgende:

- Anzahl der Bewerber pro Ausbildungsplatz
- Effizienz einzelner Beschaffungswege (lässt sich anhand der Bewerberzahl, Vorstellungen und Einstellungen ermitteln)
- Vorstellungsquote
- Personalakquistionskosten pro Eintritt
- Durchschnittliche Kosten der Personalbeschaffung

6.4.3 Personalauswahl

Bei der Auswahl des Personals, soll aus allen Bewerbungen, der Bewerber ausgewählt werden, der den Anforderungen gerecht wird und die Aufgaben am besten erfüllt. Um dies zu ermöglichen muss die Personalabteilung Verfahren entwickeln und anwenden, die die Auswahl erleichtern.

Bei diesen Verfahren handelt es sich z. B. um Interviews, Einstellungstests, Intelligenz- und Begabungstests oder Assessment-Center. Erst danach erfolgt die Einstellung des ausgewählten Bewerbers.

Mögliche Indikatoren für die Personalbeschaffung können dabei folgende sein:

- Verbesserung der Bewerberqualität
- Reduzierung der Beschaffungskosten
- Anzahl der Bewerbungen ohne Ausschreibung
- Anzahl der Einstellungen ohne Ausschreibung
- Beschaffungskosten pro Einstellung
- Probezeit-Beurteilungen
- Kosten und Dauer der Einarbeitung

6.5 Personalentwicklung

Auch die Personalentwicklung spielt im Rahmen des Personalcontrollings eine wichtige Rolle.

Die Eignung und das Leistungspotenzial der Mitarbeiter soll durch die Personalentwicklung gefördert und verbessert werden.

Das Ziel von Personalentwicklung ist es, vorhandene Kenntnisse bzw. Fähigkeiten zu erweitern. Auch Verhaltensweisen der Mitarbeiter können sich so weiterentwickeln. Es ist wichtig, dass bei der Personalentwicklung sowohl die Interessen des Unternehmens als auch der Mitarbeiter beachtet werden, denn nur so kann das Potential von Qualifikationen vergrößert werden.

Abb. 5 Gebiete der Personalentwicklung

6.5.1 Ziele der Personalentwicklung

- Qualifikation erhöhen um Leistungsbeitrag zu optimieren
- Qualifizierte Nachwuchskräfte bereitstellen
- Sicherstellung eines breiten Qualifikationspotenzials, um künftige Anforderungen zu erfüllen
- Bindung qualifizierter Mitarbeiter an das Unternehmen
- Aufdeckung von Fehlbesetzungen

6.6 Personalfreisetzung

Mit Personalfreisetzung ist die Verminderung des Personals bei einer Personalüberdeckung gemeint.

Es gibt zahlreiche Gründe für eine Personalfreisetzung u. a.:

- dauerhafter Absatzrückgang
- strukturelle Bedarfsveränderungen
- Beschäftigungsschwankungen (z.B. saisonal)
- höhere Gewalt
- natürliches Ende des Betriebes (erschöpfte Bodenschätze)
- technischer Fortschritt

Es können verschiedene Arten von Personalfreisetzung unterschieden werden. Zum einen gibt es die interne Personalfreisetzung zum anderen die Externe. Bei der internen Personalfreisetzung scheidet der Arbeitnehmer im Gegensatz zur Externen nicht aus dem Unternehmen aus.

6.6.1 Maßnahmen der Personalfreisetzung

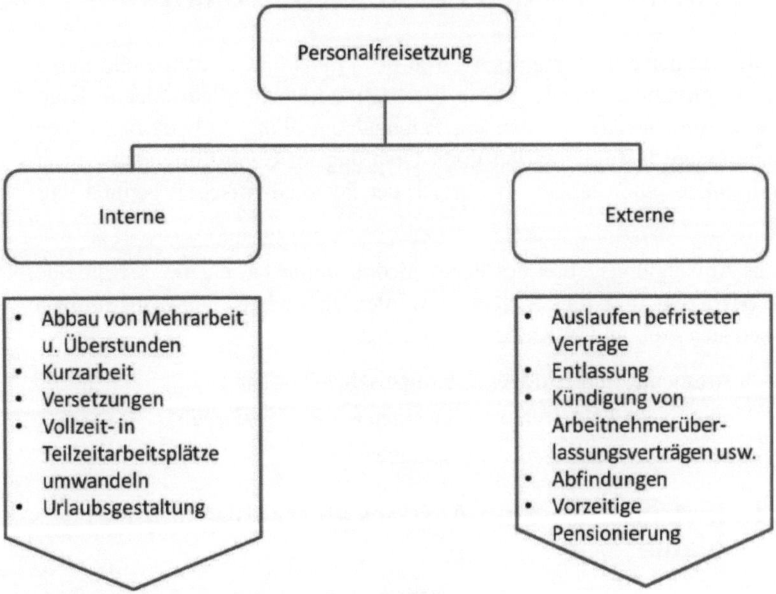

Abb. 6 Maßnahmen der Personalfreisetzung

Um oben genannte Aufgaben zu erfüllen, benutzt das Personalcontrolling verschiedenste Instrumente, auf die im Anschluss eingegangen wird.

7 Instrumente des Personalcontrollings

Sowohl in der Forschung als auch in der Praxis gibt es zahlreiche Personalcontrollinginstrumente. Diese Werkzeuge können allein oder in Kombination angewendet werden um Personalcontrolling zu betreiben. Dabei haben einige Instrumentarien ihren Ursprung im Controlling selbst, während andere schon länger im Bereich der Personalwirtschaft genutzt wurden.

Jedes Anwendungsgebiet des Personalcontrollings hat eigene Instrumente, die bevorzugt und stärker genutzt werden als andere. Diese Instrumente lassen sich grob in drei Kategorien unterteilen:

1. Instrumente zum Aufdecken strategischer Probleme
2. Unterstützende Instrumente (bezogen auf Personalarbeit)
3. Bewertende Instrumente (personalbezogen)

7.1 Instrumente zum Aufdecken strategischer Probleme

7.1.1 Konzept der kritischen Erfolgsfaktoren

Zunächst ist festzustellen, dass es keine Vorgehensweise gibt, die den Erfolg des Unternehmens garantiert, da sich Situationen ergeben können, die unvorhergesehen sind oder von unberechenbaren Faktoren beeinflusst werden.

7.1.1.1 SWOT-Analyse

Damit kritische Aspekte des Unternehmens festgestellt und bewertet werden können und um Ziele fest zu legen und Strategien entwickeln zu können, sind sowohl Umwelt- als auch Unternehmensanalysen (SWOT-Analysen) notwendig. Die Abkürzung SWOT steht für „Strengths, Weaknesses, Opportunities und Threats“ und heißt so viel wie Stärken-, Schwächen-, Chancen- und Risikoanalyse.

Strengths steht dabei für die Stärken des Unternehmens, wie z.B. technologisches Potenzial, Qualifikation der Mitarbeiter oder das Unternehmensimage.

Mit Weakness sind die Schwächen des Unternehmens gemeint. Hierbei handelt es sich unter anderem um die Kostensituation, das Produktalter oder das Alter der Produktionsanlagen.

Der Punkt Opportunities befasst sich mit den Chancen für das Unternehmen, wie z. B. neue Märkte oder Anwendungsmöglichkeiten.

Die unter Threats zusammengefassten Bedrohungen und Risiken bestehen sowohl aus neuen Wettbewerbern als auch aus nachlassender Kaufkraft und rechtlichen Reglementierungen.

7.1.1.2 Umweltanalyse

Aufgabe der Umweltanalyse ist es, kritische Erfolgsfaktoren aus Personalmanagementsicht zu ermitteln. Die Unternehmensanalyse dient der Erfassung unternehmensspezifischer Stärken und Schwächen.

Bevor eine Strategie entwickelt werden kann, ist also die Situation zu analysieren. Dies ist jedoch nur möglich, wenn die nötigen Informationen vorliegen.

Grundsätzlich ist ein Unternehmen dann erfolgreich, wenn es die eigenen Potentiale mit denen der Unternehmensumwelt abstimmt. Es gibt zwei Gruppen von Potentialen, aus denen sich Erfolgsfaktoren ableiten können:

- Leistungspotentiale,
  wie z.B. Qualifikation, Motivation, Identifikation mit dem Unternehmen usw. und
- Führungspotentiale,
  wie z.B. Stärke der Unternehmenskultur, Innovationsfähigkeit usw..

Nachdem die Ergebnisse der Umwelt- u. Unternehmensanalyse abgeglichen wurden, wird untersucht, ob und welche strategischen Wettbewerbsvorteile vorhanden sind. Außerdem wird die Frage gestellt, welche Faktoren für den Erfolg eines Unternehmens verantwortlich sind. Mögliche Erfolgsfaktoren sind z.B. Strategie, Organisation, Mitarbeiter, Führungssystem, Informationssystem und Kundennähe.

Aufgabe des Personalcontrollings ist es zum einen, strategische Potentiale und kritische Erfolgsfaktoren zu ermitteln, und zum anderen, die so genannte Informationsanalyse. Mittels der Informationsanalyse soll in Erfahrung gebracht werden, welche planungs- u. entscheidungsrelevanten Informationen gebraucht werden. Die Informationen werden nach Art, Umfang, Zeit und Raum differenziert.

Zusammenfassend ist zu sagen, dass es sich bei dem Konzept der kritischen Erfolgsfaktoren um einen Ansatz handelt, der stark von der Verwendung von Informationen abhängt.

Die Analyse kritischer Erfolgsfaktoren geschieht nach dem im Anschluss beschriebenen Ablauf.

7.1.1.3 Schrittfolge einer Analyse kritischer Erfolgsfaktoren

1. Zunächst sind die wichtigsten Ziele zu erfassen, zu analysieren und systematisch aufzubereiten.
2. Danach sind die Faktoren, die für die Zielerreichung wichtig sind zu ermitteln und festzulegen (kritische Erfolgsfaktoren).
3. Sind die kritischen Erfolgsfaktoren festgelegt, ist es von Nöten Messkriterien für diese Faktoren zu schaffen.
4. Im nächsten Schritt sind vorhandene mit benötigten Informationen zu vergleichen, um so mögliche Lücken in der Informationsversorgung aufzuzeigen.
5. Danach ist eine Bedarfsermittlung von Informationen für die Messkriterien und die oben genannten Erfolgsfaktoren durchzuführen.
6. Anschließend ist die Bedeutung einzelner Entscheidungsträger festzustellen. Dabei ist deren Rolle im Hinblick auf den Informationsbedarf, die Kontrolle der Erfolgsfaktoren und Entscheidungen in diesem Zusammenhang zu fixieren.
7. Der Abschlussschritt in diesem Verfahren ist die kontinuierliche und systematische Weiterentwicklung dieses Ansatzes. Hier ist zu beachten, dass alle Beteiligten einbezogen werden sollten.

Die Identifikation und Aufbereitung von kritischen Erfolgsfaktoren erfordert zum einen die Suche und Erschließung von externen und internen Informationsquellen, zum anderen die Verbindung zu anderen Personalcontrolling-Instrumenten.

7.1.2 Expertenbefragung (Delphi-Methode)

Bei der sog. Delphi-Methode oder auch Expertenbefragung handelt es sich um ein Instrument zur Informationsgewinnung. Die Delphi-Methode ist eine Befragung von verschiedenen Experten über mehrere Stufen. Durch diese Expertenbefragung kommt ein Gesamturteil auf Grund von Expertenmeinungen zustande.

Diese Methode stellt die Hypothese auf, dass eine Gruppe von Individuen, in dem Fall die Experten, ein komplexes Problem besser strukturieren, analysieren u. lösen kann, als ein einzelnes Individuum.

Es wird davon ausgegangen, dass die Konstellation der Delphi-Gruppe zu besseren Ergebnissen führt, als andere Gruppen dies könnten. Allerdings ist zu beachten, dass bei dieser Form der Expertenbefragung mehr Vorarbeiten zu leisten sind.

Der Grund dafür sind die folgenden Charakteristika der Expertenbefragung.

7.1.2.1 Charakteristika der Delphi-Methode

- Die Expertengruppe besteht aus Fachleuten, die aus dem eigenen Unternehmen stammen, es können aber auch externe Experten oder Berater herangezogen werden,

  Anonymität der Experten und deren Antworten untereinander

- Mehrstufige Befragung:

  Durch diese Form der Befragung haben die Experten die Möglichkeit ihre Entscheidungen zu überdenken, wenn neue Informationen vorliegen.

Ziel dieser Methode ist es eine Gesamteinschätzung zu erlangen, ohne dass die Experten sich gegenseitig beeinflussen können.

7.1.2.2 Ablauf der Delphi-Methode

Die Delphi-Methode lässt sich in vier Phasen unterteilen.

Phase 1:

- Ermittlung geeigneter Experten,
- kurze Einführung in das Prognosegebiet,
- Aufforderung, Prognosen spontan und ohne sich beeinflussen zu lassen abzugeben

Phase 2:

- Auswertung und Dokumentation der Ergebnisse aus der ersten Befragungsrunde (statistisch)
- Weiterleitung der Ergebnisse an Teilnehmer aus Phase 1, damit sie diese kritisch hinterfragen und eventuell eine Korrektur des Urteils durchführen

Phase 3:

- erneute Analyse der Daten,
- kritische Betrachtung der getroffenen Einschätzung
- eventuell Begründung von Einschätzungen, die stark von der Gruppenmeinung abweichen.

Phase 4:

- Wiederholung von Phase 3 bis sich die Einzelantworten an die Prognose der Gruppe anpassen.

  Die Anpassung an die Gruppenprognose lässt sich hier durch einen Prozess des Lernens erklären. Dieser Lernprozess ergibt sich sowohl aus der erneuten Informationsbereitstellung als auch durch das mehrfache bearbeiten derselben Aufgabenstellung.

Tab. 3 Vor- und Nachteile der Delphi-Methode

Vorteile	Nachteile
➢ Anonymität verhindert Einflussnahme auf Meinungsbildung ➢ Zwang sich verständlich u. knapp auszudrücken ➢ statistische Auswertung führt dazu, dass Befragungsprozess gut analysiert und kontrolliert werden kann ➢ die Durchführung ist nicht an einen bestimmten Zeitraum oder Ort gebunden ➢ viele Expertenneuerungen können einbezogen werden	➢ hoher Ressourceneinsatz ➢ großer Zeitaufwand ➢ mangelnde wissenschaftliche Absicherung

7.1.3 Frühaufklärungssysteme

Damit ein Unternehmen richtig gesteuert werden kann, um geplante Ziele zu erreichen, ist es unabdingbar, Informationen so früh wie möglich und gänzlich zu erfassen.

Aus diesem Grund gibt es sogenannte Frühaufklärungssysteme. Aufgabe eines Frühaufklärungssystems ist es die Entscheidungsträger so früh wie möglich zu informieren. Um Gefahren und Möglichkeiten frühzeitig festzustellen und diese abwenden oder Nutzen zu können, reichen Vergangenheitsdaten meistens nicht aus. Gerade an diesem Punkt ist eine sog. Frühaufklärung von Bedeutung.

Es gibt verschiedene Stufen von Frühaufklärungssystemen:

1. Frühwarnung,
2. Früherkennung,
3. Frühaufklärung.

Alle drei Stufen sind darauf ausgerichtet, herannahende Veränderungen rechtzeitig zu erkennen. So sollen sowohl strategische als auch operative Risiken identifiziert werden. Um dies gewährleisten zu können, muss ein Frühaufklärungssystem qualitativ gut und aktuell sein.

7.1.3.1 Stufen von Frühaufklärungssystemen

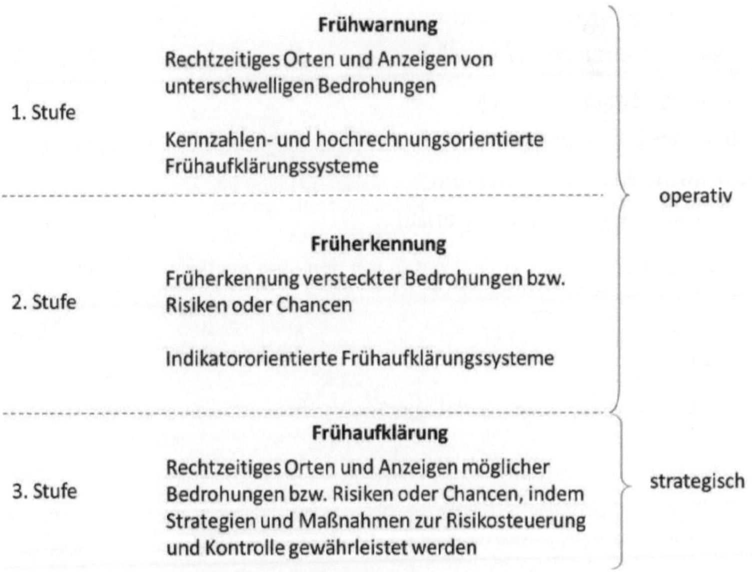

Abb. 7 Stufen von Frühaufklärungssystemen

Frühwarnindikatoren sind z.B. volkswirtschaftliche, betriebswirtschaftliche, technische, marktbezogene und soziale Indikatoren.

Es gibt verschiedenen Methoden bzw. Techniken, die es ermöglichen, Informationen mit Frühaufklärungscharakter gezielt aufzubereiten und einzusetzen. Zu diesen Methoden gehören u.a. die Szenario-Technik sowie die Portfolio- u. Konkurrenzanalyse. Auf die Szenario-Technik wird nachfolgend genauer eingegangen.

7.1.4 Szenario-Technik

Bei der Szenario-Technik handelt es sich um ein wichtiges Instrument der Frühaufklärung. Denn es dient der Aufdeckung von Unsicherheitsfaktoren. Mittels dieser Technik können mögliche Entwicklungen erarbeitet und Alternativen aufgezeigt werden.

Die erzeugten Zukunftsbilder einschließlich der zu ihnen führenden Entwicklungspfade werden als Szenarien zusammengefasst. Die Szenarien führen dann zu möglichen Handlungsrahmen für die Entscheidungsträger.

Es gibt typische Szenarien, die einen solchen Handlungsrahmen abstecken:

- Optimistisches Extremszenario:
  Theoretisch erreichbarer Idealfall
- Normales (Trend-) Szenario:
  Bei Verlauf ohne Störungen
- Pessimistisches Extremszenario:
  Ungünstigster Entwicklungsverlauf

Die Darstellung von Szenarien erfolgt durch den sog. Szenario Trichter.

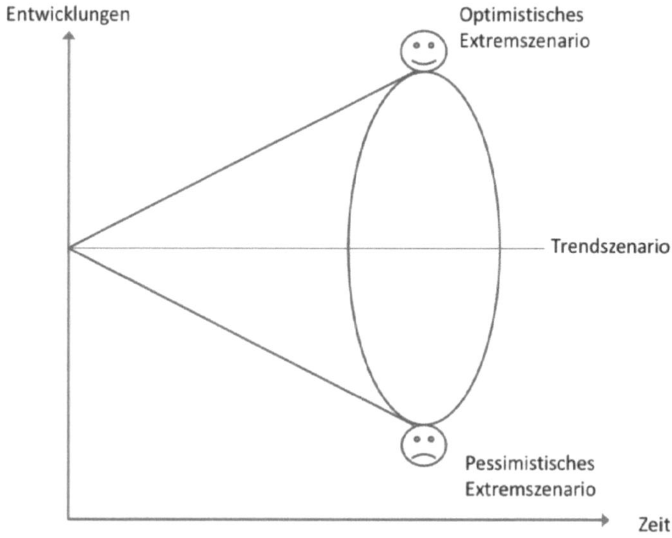

Abb.8 Szenario-Trichter

7.1.5 Risikomanagement

Das Vermeiden von Risiken und das Nutzen von Möglichkeiten sind wichtige Punkte der Unternehmensentwicklung und -sicherung. Aus diesem Grund gelangt das Risikomanagement zu immer größerer Bedeutung.

Gerade der Personalbereich birgt Risiken. Der Grund dafür liegt in der Natur des Menschen. Jeder Mitarbeiter hat individuelle Ansichten und kann selbst über seine Betriebszugehörigkeit und über das Ausmaß seines Arbeitseinsatzes bestimmen.

Bei der Umsetzung von Risikomanagement sollten alle Interessengruppen einbezogen werden, um mögliche Risiken im Personalbereich zu erkennen. Es ist empfehlenswert, die Ergebnisse der personalwirtschaftlichen Risikoanalyse in sog. Risikoberichten festzuhalten und zusammenzufassen. Diese Berichte dienen dazu, die Entscheidungsträger zu unterstützen. Außerdem sollen sie der Unternehmensleitung, dem Aufsichtsrat, dem Betriebsrat, dem Personal, Wirtschaftsprüfern und den Anteilseignern vorgelegt werden können.

Grundsätzlich können in allen Unternehmensbereichen Risiken auftreten, allerdings hat insbesondere das Management von Personalrisiken in den letzten Jahren an Bedeutung gewonnen. Es hat sich herausgestellt, dass die meisten Probleme in Unternehmen durch menschliche Fehlleistungen oder Unterlassungen entstehen.

Unter einem Personalrisiko versteht man die Gefahr der Reduzierung des Unternehmenserfolges durch Personen selbst oder durch Aktivitäten, Anordnungen oder Methoden, die von Personen abhängen. Daraus lässt sich schließen, dass sowohl das Humankapital als auch das Personalmanagement zu personellen Risikomanagement gehören.

Personalrisiken sind vielfältig und nicht nur auf das eigene Unternehmen beschränkt. Zu den Personalrisiken gehören z.B.:

- das fehlerhafte Verhalten von Personen, egal ob es sich dabei um Sabotage, Betrug oder Leistungsabfall handelt
- die falsche Besetzung einer Stelle
- fehlende Qualifikationen von Mitarbeitern
- Personalausfall durch Krankheit, hohe Fluktuation, Streik usw.

Als wichtige Elemente des Personalrisikos sind aber auch Motivation, Vertrauen, Charaktereigenschaften und Loyalität von Personen zu beachten.

Es gibt auch noch weitere wesentliche Risiken im Personalbereich:

1. Austrittsrisiko
2. Engpassrisiko
3. Anpassungsrisiko
4. Motivationsrisiko
5. Loyalitätsrisiko

7.1.5.1 Austrittsrisiko

Das Austrittsrisiko beschreibt, wie wahrscheinlich es ist, dass Mitarbeiter in Schlüsselpositionen (z.B. Führungskräfte) plötzlich das Unternehmen verlassen.

Ein Austrittsrisiko liegt also dann vor, wenn die Gefahr besteht, dass Leistungsträger das Unternehmen verlassen, ohne dass entsprechende Vorkehrungen getroffen wurden, die es ermöglichen die Hauptaufgaben fortzuführen.

Mögliche Folgen des Austritts sind z.B. Verlust von Fachwissen, Kundenabgänge und die Beschaffung von Ersatz für die ausgetretenen Leistungsträger, welche mit erheblichem Aufwand und hohen Kosten verbunden sein kann.

Der Verlust eines Mitarbeiters, insbesondere eines Hochrangigen, ist für jedes Unternehmen problematisch, da sowohl direkte als auch indirekte Kosten anfallen. Kosten, die direkt messbar sind, sind z.B. Kosten für die Schaltung von Stellenanzeigen oder höhere Personalkosten, die ein neuer Mitarbeiter verursacht, usw..

Einige der entstehenden Kosten sind allerdings nicht direkt messbar, wie z.B. die gesunkene Produktivität der Mitarbeiter, nachdem sie beschlossen haben zu kündigen, oder der Verlust von Kunden, die persönlichen Kontakt zu dem betreffenden Mitarbeiter hatten. Außerdem können Kenntnisse bezüglich bestimmter Produkte und Prozesse verloren gehen.

Um die Austrittswahrscheinlichkeit zu ermitteln, helfen die Fluktuationsdaten der Vergangenheit. Auch das Alter, die Betriebszugehörigkeit und die Stellung in der Unternehmenshierarchie können einbezogen werden.

Bereits im Vorfeld sollten Maßnahmen getroffen werden, damit ein plötzlicher Austritt von Mitarbeitern ausbleibt. Folgende Maßnahmen können dazu beitragen, das Austrittsrisiko zu verringern:

- Vereinbarung angemessener Kündigungsfristen
- Analyse möglicher Austrittsgründe,

  wie z.B. die Führungssituation, Betriebsklima, Weiterbildungs- und Entwicklungsmöglichkeiten, materielle Leistungen des Unternehmens, Freiraum für eigenverantwortliches Handeln
- tätigkeitsbezogene Analyse des Arbeitsmarktes
- Analyse der soziodemographischen Situation

  das Verhältnis zwischen den Bildungsstufen soll angemessen sein und die Altersstruktur ausgewogen
- Ermittlung und Förderung finanzieller Anreize, wie z.B. :
  - eine marktgerechte, transparente und leistungsorientierte Vergütung,
  - betriebliche Altersversorgung oder Förderung einer privaten Altersversorgung,
  - breites Weiterbildungsangebot
- Ermittlung und Förderung immaterieller Anreize, wie z.B. :
  - Verantwortung übertragen,
  - Projektaufgaben vergeben,
  - möglichst flexible Gestaltung der Arbeitszeit,
  - kommunikationsfördernde Arbeitsbedingungen

7.1.5.2 Engpassrisiko

Ein solches Risiko kann grundsätzlich auch eintreten, wenn es um das Personal geht, es ist aber möglich dieses Risiko kurz- oder mittelfristig abzumildern, indem z.B. Zeitarbeitsfirmen herangezogen werden.

Von einem Engpassrisiko im personellen Bereich ist erst die Rede, wenn spezielle Kenntnisse, Fertigkeiten oder Erfahrungen zu einem bestimmten Zeitpunkt nicht mehr ausreichen.

Es besteht die Gefahr, dass Aufgaben nicht fehlerfrei, nur oberflächlich oder schlimmstenfalls gar nicht erledigt werden können, weil Mitarbeiter fehlen oder anderweitige Aufgaben erfüllen müssen. Es kann hierbei zwischen Bedarfslücken (funktionsbezogen) und Potentiallücken (personalbezogen) unterschieden werden.

Um ein Engpassrisiko beherrschen zu können, sind Kenntnisse von Nöten, die detailliert darüber informieren, über welche Qualifikation die derzeitigen Arbeitnehmer verfügen und welche zukünftig gebraucht werden.

Besonders bei höheren Positionen im Unternehmen spielt dies eine bedeutende Rolle. Denn das Engpassrisiko nimmt bei höherer Qualifikation zu, da es schwieriger ist Ersatz zu finden. Aus diesem Grund ist es von großer Wichtigkeit den Arbeitsmarkt zu beobachten.

7.1.5.3 Anpassungsrisiko

Dieses Risiko entsteht durch den ständigen Wandel in der Arbeitswelt. Diese Entwicklungen werden durch immer kürzere Produktzyklen, Standortwechsel und die kontinuierlich schneller werdende Entstehung von Wissen deutlich.

All diese Aspekte machen es erforderlich, dass sich auch die Arbeitnehmer diesem Wandel anpassen und für Veränderungen bereit sind.

Das größte Risiko im Unternehmen geht von schlecht oder falsch qualifizierten Arbeitnehmern in wichtigen Unternehmenspositionen aus. Sollten nur einzelne Mitarbeiter nicht bereit sein, sich dem oben beschriebenen Geschehen anzupassen, besteht noch keine Gefahr für das Unternehmen. Vielmehr unterliegt der einzelne Arbeitnehmer lediglich dem Risiko, den eigenen Arbeitsplatz zu verlieren. Für das Unternehmen als solches wird es erst dann richtig problematisch, wenn ganze Arbeitsgruppen aufgrund der Änderungen von Arbeitsbedingungen nicht mehr zur Verfügung stehen.

Bei der Betrachtung von Anpassungsrisiken ist allerdings nicht nur die Qualifikation der Mitarbeiter, sondern auch der Arbeitsort, die Arbeitszeit und das Entgeltsystem zu berücksichtigen, denn all diese Bereiche können von einem solchen Risiko betroffen sein.

Es gibt zahlreiche Maßnahmen, die dazu beitragen können, die Anpassungsfähigkeit zu verbessern:

- positive Veränderungen sichtbar machen und vermitteln
- transparente Darstellung von Zielen
- Forderung und Förderung von Mitarbeitern
- Zielvereinbarungen treffen
- Förderung flexibler Arbeitszeitgestaltung

7.1.5.4 Motivationsrisiko

Von einem Motivationsrisiko ist dann die Rede, wenn Leistung von den Arbeitnehmern zurückgehalten wird. Gründe dafür können z.B. eine schlecht entwickelte Unternehmenskultur, ein ungutes Betriebsklima oder Defizite in der Führung sein.

7.1.5.5 Loyalitätsrisiko

Ein Loyalitätsrisiko liegt vor, wenn die Mitarbeiter ein Verhalten an den Tag legen, dass das Unternehmen schädigen kann. Dies kann zum Beispiel eine Verletzung der Treuepflicht sein oder sogar bis zu Diebstahl, Sabotage, Datenmissbrauch usw. reichen.

7.1.5.6 Personalrisiken

Bei Personalrisiken handelt es sich um die Risiken, die durch das Personal bzw. das Personalmanagement eines Unternehmens entstehen können.

Zu diesen Risiken gehören z.B.:

- menschliches Versagen
- mangelnde Qualifikation
- fehlende Motivation
- unzureichendes Personalmanagement
  - schlechtes Betriebsklima
  - mangelnde Kommunikation zwischen Führungsebene und Arbeitnehmern
- Ausfall von Arbeitnehmern

All diese Faktoren können den Erfolg des Unternehmens negativ beeinflussen und zu Verlusten führen.

Neben den gerade geschilderten Risiken, die vom vorhandenen Personal eines Unternehmens verursacht werden können, gibt es auch so genannte externe Betriebsrisiken.

7.1.5.7 Externe Betriebsrisiken

Die externen Betriebsrisiken gehen vom Umfeld des Unternehmens aus.

Externe Betriebsrisiken sind z.B.:

- Arbeitsgesetze, die sich zum Nachteil des Unternehmens ändern,
- Zusätzliche soziale Abgaben
- Wirtschaftliche Situation des Landes,

- Arbeitsangebot qualifizierter Arbeitskräfte,
- Unternehmensstruktur.

Das Auftreten der beschriebenen Personalrisiken kann zu einem erheblichen finanziellen Schaden für das Unternehmen führen.

Nicht nur die fachliche Kompetenz ist entscheidend, auch der Charakter eines Menschen und sein Sozialverhalten können Risiken bergen. Folgende Maßnahmen können dazu beitragen mögliche Personalrisiken zu verringern:

- Schulungsmaßnahmen
- optimale Personalrekrutierung
- organisatorische Maßnahmen (z. B. Verhaltenskodex für Mitarbeiter).

Ein systematisches Vorgehen hilft Personalrisiken zu erkennen und zu steuern. So soll sichergestellt werden, dass die richtigen Schwerpunkte gesetzt werden und nichts übersehen wird. Das systematische Vorgehen wird durch den sog. Risikomanagementkreislauf, der im Folgenden abgebildet ist, erleichtert.

7.1.5.8 Risikomanagementkreislauf

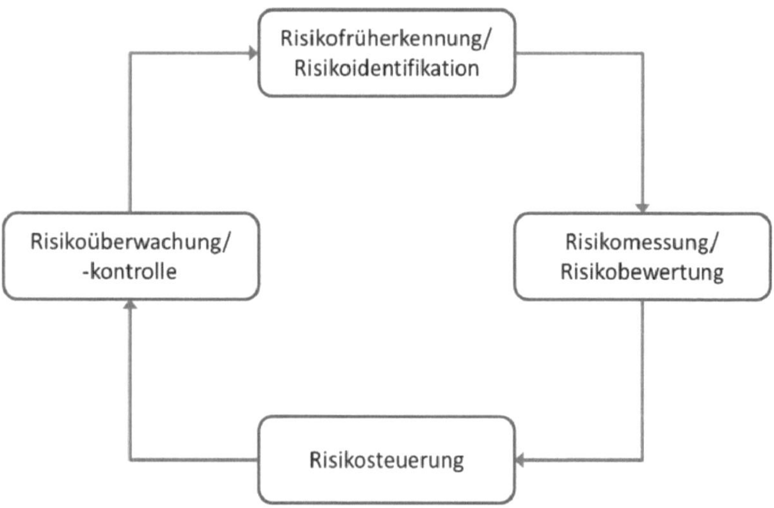

Abb. 9 Risikomanagementkreislauf

Mögliche Identifikationsmethoden für eine Risikofrüherkennung sind beispielsweise Checklisten, schriftliche Befragungen, Brainstorming, Szenario-Analysen und Stärken- und Schwächenanalysen.

Die Risikomessung und -bewertung erfolgt durch Klassifizierung der Risiken, wobei beachtet wird, wie wahrscheinlich ein Ereignis ist und welche Folgen es hat.

7.1.5.9 Klassifizierung von Risiken

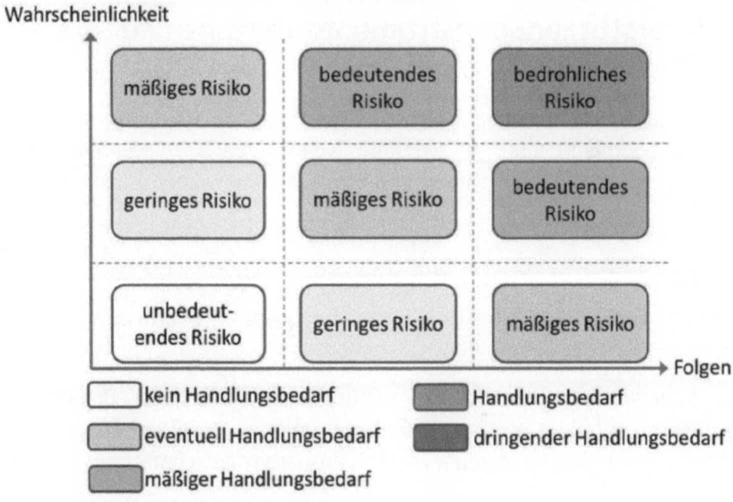

Abb. 10 Klassifizierung von Risiken

Zur Risikosteuerung zählen alle eingeleiteten Maßnahmen, die sich auf die Eintrittswahrscheinlichkeit oder die Schadensbegrenzung auswirken.

Bei der Risikokontrolle wird überprüft ob angewendete Maßnahmen, um das Risiko einzudämmen, angemessen und effektiv sind.

7.1.6 Auditierung

Bei der Auditierung handelt es sich um ein Instrument zur Qualitätsüberprüfung einzelner Prozesse im Unternehmen. Sie dient als Ergänzung zur Ergebnis- und Erfolgskontrolle.

Auditierungen können geplant oder unerwartet durchgeführt werden. Die Durchführung kann dann entweder durch die Führungskräfte oder durch ein externes Auditorenteam erfolgen.

Das so genannte Personal-Audit ist häufig Aufgabe externer Beraterfirmen, da so eine bessere Objektivität gewährleistet werden kann.

Im Zusammenhang mit dem Verfahren der Auditierung kann man auch von der Evaluation der Personalarbeit sprechen, deren Hauptaufgabe ist die gründliche, systematische Prüfung des ganzen personalwirtschaftlichen Handelns. Dazu gehören die grundlegenden Strategien, Ziele, verwandte Planungsmethoden, Personalorganisation, Informationsmanagements und -kontrolle.

7.2 Unterstützende Instrumente (bezogen auf die Personalarbeit)

Das Haupt- bzw. das zentrale Instrument im Personalcontrolling und im Controlling überhaupt sind so genannte Kennzahlen oder Kennzahlensysteme, die schon seit Jahrzehnten in der unternehmerischen Praxis etabliert sind.

7.2.1 Kennzahlen und Kennzahlensysteme

Kennzahlen dienen dazu, Sachverhalte, die quantitativ erfasst werden können in gebündelter Form wieder zu geben.

Mittels Kennzahlen, können die zahlreichen Daten des Personalmanagements verdichtet werden. Die Daten sollen so zu einer aussagefähigen Größe gebündelt werden um mehr Transparenz zu schaffen.

So wird die Kontrolle von Unternehmensabläufen und Ergebnissen erleichtert. Weiterhin können Kennzahlen der Unternehmensführung dabei helfen kausale Zusammenhänge besser zu erkennen. Einzelne Faktoren sind dadurch besser auf ihre Ursachen und Wirkungen hin zu untersuchen.

Damit Personalcontrolling, das sich auf Kennzahlen stützt funktionieren kann, muss eine geeignete Datenbasis vorliegen, wie z.B. die Lohn- und Gehaltsabrechnung.

7.2.1.1 Klassifizierung von Unternehmensdaten

Die Unternehmensdaten lassen sich dabei wie folgt klassifizieren:

7.2.1.1.1 Stammdaten

Dabei handelt es sich um konstante Daten, wie z.B.:

- Personalnummer
- Name
- Geburtsdatum
- Eintrittsdatum
- Adresse des Mitarbeiters
- Arbeitszeitfaktor

7.2.1.1.2 Gehaltsdaten

Richten sich grundsätzlich nach der Form der Lohnart und können unterschiedlich stark schwanken (je nach Entlohnungsart), gerade Stunden- und Akkordlöhne können stark variieren.

Besonders die unterschiedlichen Lohnarten sind wichtig für das Personalcontrolling. Da es durch verschiedene Lohnarten ständig zu Variationen bezüglich der Höhe des gezahlten Lohnes kommen kann, ist es empfehlenswert diese Daten separat von den eben erwähnten Stammdaten auszuwerten.

7.2.1.1.3 Zeitdaten

Die Zeitdaten ergeben sich aus der Zeiterfassung des jeweiligen Unternehmens. Besonders tagesbezogene Auswertungen bezüglich An- und Abwesenheit sind von Interesse.

Die folgende Abbildung zeigt den Controllingprozess im Hinblick auf die Verwendung von Kennzahlen. Die hier dargestellte Schrittfolge hilft den Einsatz von Kennzahlen zu planen.

7.2.1.2 Controllingprozess im Überblick

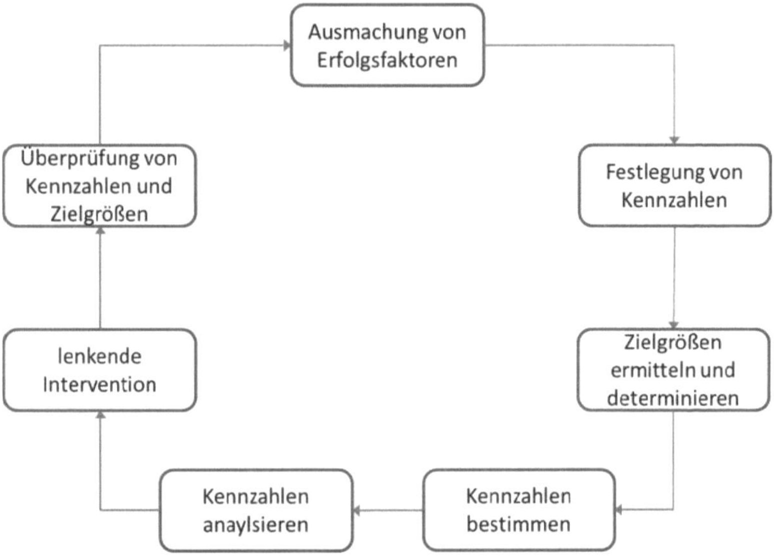

Abb. 11 Controllingprozess im Überblick

Nur so können die Kennzahlen zielorientiert eingesetzt werden.

Ziel der Kennzahlen ist es, die Entscheidungsfindung von Führungskräften und Personalabteilungen zu erleichtern. Außerdem soll so die Kontrolle solcher Entscheidungen vereinfacht werden. Um dies zu ermöglichen ist die fortlaufende Entstehung und Analyse von Kennzahlen erforderlich. Die so aufbereiteten Kennzahlen müssen anschließend in ein umfassendes Controllingsystem einbezogen werden.

Damit Kennzahlen verwendet werden können, müssen sie etliche Voraussetzungen erfüllen, z.B. müssen die Daten überhaupt zur Verfügung stehen, mögliche Fehlerquellen müssen identifiziert und ausgemerzt werden usw..

Kennzahlen sollten dabei für jedes Unternehmen individuell entwickelt werden.

Bei der Entwicklung sind folgende Punkte zu berücksichtigen:

- Bezeichnung der Kennzahl
- Welches Ziel soll erreicht werden?
- Interpretation der Kennzahlen

- Gliederung der Kriterien
- Wann sollen Kennzahlen erhoben werden?
- Datenquellen
- Vergleichsmöglichkeiten für Kennzahlen

Die Entwicklung und Messung solcher Kennzahlen, kann zu Problemen führen. Es ist schwierig die Kausalität zwischen dem Einsatz eines Personalmanagementinstruments und der Effizienz des Personalmanagements zu belegen. Hieraus leitet sich auch die Problematik ab, einen Ursache-Wirkung-Zusammenhang aufzuzeigen.

7.2.1.3 Funktionen von Kennzahlen

Kennzahlen dienen der Erfüllung vieler Aufgaben und Funktionen.

Die verschiedenen Funktionen von Kennzahlen lassen sich aus nachfolgender Abbildung ablesen.

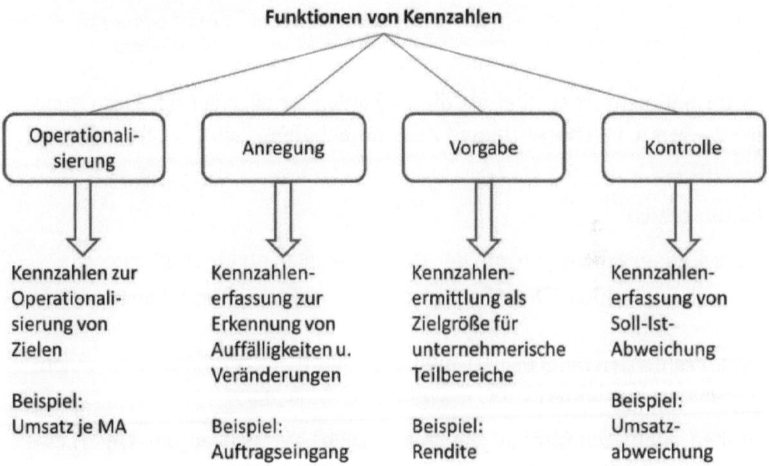

Abb. 12 Funktionen von Kennzahlen

Es gibt sehr viele verschiedene Arten von Kennzahlen, diese werden im Folgenden geschildert.

7.2.1.4 Formen von Kennzahlen

Absolute Zahlen:

Lagemaße:

Eine als Lagemaß häufig verwendete Kennzahl ist der Mittelwert. Der Mittelwert zeigt die Lage und Verteilung von Einzelwerten auf einer Messskala an. An dieser Stelle ist zu erwähnen, dass es verschiedene Formen von Mittelwerten gibt. Zu diesen gehören beispielsweise der Modus, der Median das arithmetische, geometrische und harmonische Mittel, auf die hier aber nicht näher eingegangen wird.

Aggregate:

- Summen (Mitarbeiteranzahl)
- Differenzen (Fehlzeiten, Leistungsanstieg im Vergleich zum Vorjahr)

Einzelwerte:

Einzelwerte werden eher selten verwendet (Gehalt d. Vorstandsvorsitzenden).

Der Informationswert solcher absoluter Zahlen ist eher gering. Der Grund dafür ist, dass Ursache-Wirkungs-Zusammenhänge nicht abgebildet werden können.

Verhältniszahlen:

- Gliederungszahlen (Anzahl der Personalkosten an Gesamtkosten)
- Beziehungszahlen (Durchschnittserlös pro Mitarbeiter, Überstunden je MA)
- Indexzahlen (Krankenstand mehrerer Jahre im Verhältnis zu einem Basisjahr, Produktivität bezogen auf ein Basisjahr)

Es können auch Kennzahlen gebildet werden, die sich an der Unternehmensstruktur orientieren, z.B.:

- Unternehmensbezogene Kennzahlen,
- Bereichsbezogene Kennzahlen,
- Team- und individuenbezogene Kennzahlen

Es gibt Kennzahlen, wie z.B. die Kostenbetrachtung die leichter auf einzelne Unternehmensbereiche runter gerechnet werden können, als andere Kennzahlen.

Um sämtliche Aufgaben und Funktionen gewährleisten zu können, müssen Kennzahlen folgende Anforderungen erfüllen.

7.2.1.5 Anforderungen an Kennzahlen:

- müssen verständlich und übersichtlich sein,
- angemessener Umfang
- systematische Struktur
- Zielbezug: Ausrichtung einzelner Kennzahlen an Zielen des gesamten Personalmanagement

Neben der oben erwähnten Problematik kann es auch zu weiteren Schwierigkeiten kommen. So ist es zum Beispiel kaum möglich alle Kennzahlen gleichzeitig zu optimieren. Weitere Nachteile sind der unten stehenden Aufzählung zu entnehmen.

7.2.1.6 Nachteile von Kennzahlen:

- Informationsverlust:

  Einzelne Werte können durch die Informationsverdichtung verloren gehen.
- ausschließlich finanzielle Sichtweise:

  Qualitative Größen werden, wenn überhaupt nur in geringem Maße berücksichtigt werden.
- wesentliches kann unbeachtet bleiben, wenn zu viele Kennzahlen gebildet werden (Kennzahleninflation).
- mangelnde Konsistenz von Kennzahlen:

  Werden in einem Kennzahlensystem mehrere Kennzahlen verwendet, dürfen sie nicht zueinander in Widerspruch stehen.
- vergangenheitsorientiert

Kennzahlen sind aber nicht nur nachteilig und können Probleme verursachen, sie verfügen auch über einige Vorteile. Diese sind folgender Aufzählung zu entnehmen.

7.2.1.7 Vorteile von Kennzahlen:

- Reduzierung bzw. Verdichtung von Informationen, dadurch wird die Verarbeitung einfacher und schneller
- Quantifizierung:
- Zahlenwerte lassen sich leichter darstellen und sind oft besser verständlich als schriftliche Ausführungen
- Vergleichbarkeit:

  Durch die Verwendung von Kennzahlen wird die Vergleichbarkeit gesteigert.

7.2.1.8 Ansätze bei Verwendung von Kennzahlen

7.2.1.8.1 Instrumentenorientierter Ansatz

Bei diesem Ansatz werden Kennzahlen für die einzelnen Instrumente des Personalmanagements gebildet.

7.2.1.8.2 Akteursorientierter Ansatz

Dieser Ansatz basiert auf der Annahme, dass zwischen den verschiedenen Akteuren des Personalmanagements Zielkonflikte bestehen, die dazu führen, dass Ergebnisse des Personalmanagements unterschiedlich interpretiert werden.

Aus diesem Grund gibt es auf der einen Seite die unternehmensbezogene oder auch betriebswirtschaftliche Effizienz aus Sicht der Anteilseigner und der Führungsebene, und auf der anderen Seite die soziale bzw. mitarbeiterbezogene Effizienz. Um die Effizienz zu messen bzw. festzustellen können folgende Kriterien herangezogen werden.

7.2.1.8.2.1 Kriterien für Effizienz

Unternehmensbezogen:

- Personalbereitstellung:

  Fähigkeit, die benötigten Mitarbeiter nach Quantität, Qualität zur richtigen Zeit und am richtigen Ort bereitstellen zu können

  (Bewerberzahlen u. –qualität, Beschaffungskosten)

- Arbeitsproduktivität:

  Erfordert optimalen Einsatz des Faktors Arbeit und die beste Kombination mit anderen Produktionsfaktoren

  (Qualität, Flexibilität, Quantität)

- Arbeitsrentabilität:

  Mit der Arbeitsrentabilität wird das Verhältnis der Mitarbeiterleistung zu den von den Mitarbeitern verursachten Kosten dargestellt. Bei diesen Kosten handelt es sich in erster Linie um Löhne und Gehälter.

  (Entgelthöhe, Umsatz u. Wertschöpfung pro Mitarbeiter)

- Strategieimplementierung

  (Qualifikation, Motivation, Loyalität)

Mitarbeiterbezogen:

- Arbeitszufriedenheit
- (Absentismus, Fluktuation, Streiks)

Dieser Ansatz achtet besonders auf die Funktionalität des Personalcontrollings und ist deshalb bestens geeignet, die Auswirkungen des Personalmanagement insgesamt aufzuzeigen.

Wie bereits erwähnt, lassen sich Kennzahlen systematisch zusammenfassen.

7.2.1.9 Kennzahlensysteme

Am aussagekräftigsten sind Kennzahlen, wenn sie zu einem Kennzahlensystem (KZS) zusammengefasst werden.

Bei einem Kennzahlensystem werden Kennzahlen methodisch kombiniert. Es handelt sich also um Kennzahlen, die in einem zweckmäßig geeigneten Bezug zu einander stehen, sich gegenseitig vervollständigen und begründen. Mit Hilfe dieser Kennzahlen ist es möglich die Ziele des Personalmanagements ausführlich darzustellen.

Insgesamt kann festgestellt werden, dass in einem Kennzahlensystem Kennzahlen zusammengefasst werden, die dem gleichen Ziel dienen.

Kennzahlensysteme sind abgestufte Systeme, an deren Gipfel eine sog. Spitzenkennzahl steht, die durch andere erläutert wird. Bei dieser Spitzenkennzahl geht es um das Unternehmensziel. Das Unternehmensziel wird dann in unterschiedliche Komponenten zerlegt. Dies geschieht solange bis es nur noch Detailgrößen sind, wie z.B. der Preis oder die Materialkosten.

Ein solches System ist für das Personalcontrolling gut geeignet, da es in fast allen betrieblichen Problemfeldern einsetzbar ist. Es ist allerdings schwierig die Kennzahlen eindeutig und logisch miteinander zu verknüpfen, da im Personalcontrolling neben quantitativen häufig auch qualitative Größen erfasst werden.

Um das Zusammenspiel verschiedener Kennzahlen besser beurteilen und beobachten zu können, bietet es sich an ein Kennzahlennetzwerk zu erstellen.

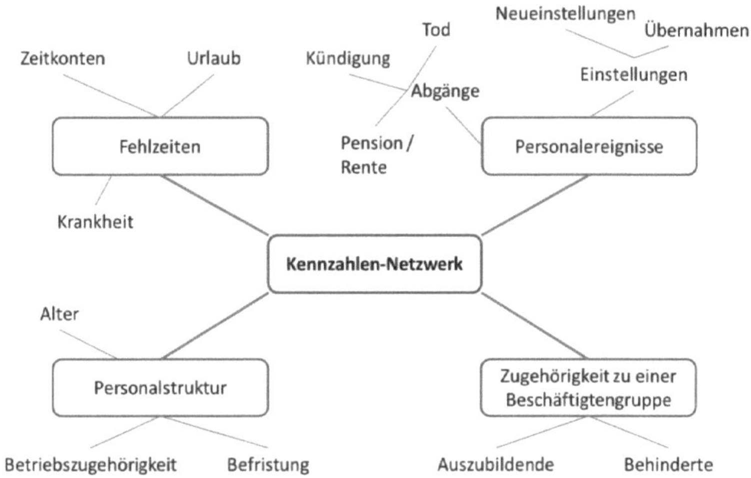

Abb. 13 Kennzahlen-Netzwerk

7.2.1.9.1 Anforderungen an ein Kennzahlensystem fürs Personalcontrolling

Ein Kennzahlensystem, das sich auf das Personalcontrolling bezieht sollte folgende Anforderungen erfüllen:

- ständig wesentliche Informationen bereithalten,
- flexible Gestaltung, um neue Sachverhalte zu berücksichtigen,
- Daten müssen aus ihren Quellen ableitbar sein

Damit die oben beschriebenen Anforderungen erfüllt werden können, sollten folgende Schritte bei Entwicklung eines Kennzahlensystems eingehalten werden.

7.2.1.9.2 Schritte zur Entwicklung eines Kennzahlensystems:

- Festlegung und Gewichtung der Ziele,
- Kennzahlen bestimmen,
- Auswahl der Kennzahlenempfänger,
- Sicherung der Informationsquellen und Vergleichsgrundlagen,
- Erhebungszeitpunkte und -räume festlegen,
- Auswahl von Mitarbeitern, die Kennzahlen erstellen,
- Darstellungsart der Kennzahlen auswählen

Es gibt sehr viele Kennzahlen im Bereich des Personalcontrollings, gerade deshalb ist es sinnvoll diese systematisch zusammen zu fassen. Es ist ratsam eine Gliederung in bestimmte Oberpunkte vorzunehmen, unter denen dann einzelne Kennzahlen erfasst werden.

Mögliche Gliederungsansätze sind z.B. folgende, sich aus der Personalplanung ergebende Punkte:

- Personalstruktur
- Personalbeschaffung
- Personaleinsatz
- Personalerhaltung
- Personalentwicklung
- Personalfreisetzung
- Personalkosten

7.2.1.9.3 Personalkennzahlen von besonderer Bedeutung

Zur Personalstruktur und Personalbeschaffung gehören Kennzahlen, die Auskunft über die Zusammensetzung der Belegschaft, über die benötigten Arbeitsstunden und das erforderliche Personal geben. Besonders folgende Kennzahlen, wie der Personalbedarf, das Arbeitsvolumen, die Quoten bestimmter Arbeitnehmergruppen, das Durchschnittsalter und die Betriebszugehörigkeit sind hier von Bedeutung.

Die Ermittlung des Personalbedarfs dient dazu, bestimmen zu können wie viel Personal benötigt wird. Dafür ist es erforderlich auch mögliche und geplante Fehlzeiten, wie z.B. Urlaub und Krankheit mit einzurechnen, denn nur so kann sichergestellt werden, dass es zu keiner Unterdeckung kommt. Es lassen sich Brutto- und Nettopersonalbedarf unterscheiden. Der Bruttopersonalbedarf lässt sich wie folgt berechnen und gibt an, wie viel Personal ein Unternehmen benötigt.

Bruttopersonalbedarf = Einsatzbedarf + Absentismus (Fehlzeiten)

Der Nettopersonalbedarf lässt sich aus dem Bruttopersonalbedarf ableiten und gibt Auskunft darüber, wie die momentane Deckung an Personal ist.

	Bruttopersonalbedarf
	Istbestand an Mitarbeitern
=	Über- / oder Unterdeckung
+	Personalabgänge
-	Personalzugänge
=	**Nettopersonalbedarf**

Anhand des Ergebnisses lässt sich ablesen, ob Personal beschafft oder freigesetzt werden muss. Liegt ein negatives Ergebnis vor, ist zu viel Personal im Unternehmen, bei einem positiven Nettopersonalbedarf hingegen ist zu wenig Personal vorhanden.

Das Arbeitsvolumen ist eine weitere Kennzahl, die unmittelbar mit der Ermittlung des Personalbedarfs in Zusammenhang steht, da so ermittelt werden kann, wie viele Arbeitsstunden benötigt werden. Der Zusammenhang ergibt sich hier aus der Tatsache, dass eine bestimmte Menge von Arbeitsstunden auch eine entsprechende Anzahl von Mitarbeitern erfordert.

Eine besondere Rolle im Bereich der Personalkennzahlen spielen auch die Quoten bestimmter Arbeitnehmergruppen im Unternehmen. So ist es von größter Wichtigkeit den Anteil der Auszubildenden und der Mitarbeiter mit Behinderung zu kennen. Diese Informationen zu kennen sind wesentlich um die entsprechend anwendbaren Gesetze auch wirklich berücksichtigen zu können. So sind bei Arbeitnehmern mit Behinderungen die Regelungen des SGB IX zu beachten.

Arbeitsvolumen = Zahl der Beschäftigten x Arbeitszeit je Beschäftigten

$$\textbf{Behindertenquote} = \frac{\text{Anzahl der Mitarbeiter mit Behinderung}}{\text{Gesamtzahl der Mitarbeiter}} \times 100$$

$$\textbf{Auszubildendenquote} = \frac{\text{Anzahl der Auszubildenden}}{\text{Gesamtzahl der Mitarbeiter}} \times 100$$

Bei Auszubildenden sind sowohl das Berufsbildungsgesetz (BBiG) als auch das Jugendarbeitsschutzgesetz (JArbSchG) obligatorisch.

Auch das durchschnittliche Alter der Belegschaft und deren Betriebszugehörigkeit können für die Personalplanung und Personalbedarfsermittlung eine enorme Rolle spielen. Denn beide Kennzahlen können Auswirkungen auf möglicherweise einzuhaltende Fristen haben, z.B. bei Kündigungen, § 622 ff. BGB. Auch bei Aufstellung eines Sozialplans ist es wichtig das Alter und die Betriebszugehörigkeit in Relation zu anderen Arbeitnehmern zu kennen. Auch die Höhe einer eventuell zu zahlenden Abfindung hängt von der Betriebszugehörigkeit ab.

$$\textbf{Durchschnittsalter} = \frac{\text{Summe des Lebensalters der Mitarbeiter}}{\text{Gesamtzahl der Mitarbeiter}} \times 100$$

$$\textbf{Durchschnittsbetriebszugehörigkeit} = \frac{\text{Summe der Betriebszugehörigkeiten}}{\text{Gesamtzahl der Mitarbeiter}} \times 100$$

Kennzahlen, die sich aus dem Bereich des Personaleinsatzes ergeben sind u.a. die Arbeitsproduktivität und die Arbeitsplatzstruktur.

Mittels Arbeitsproduktivität soll die Effizienz der Mitarbeiter in einem Unternehmen gemessen werden. Hier kann nach der Arbeitsproduktivität je Mitarbeiter oder je Stunde unterschieden werden.

Wobei die Produktivität je Mitarbeiter aussagt, wie produktiv ein einzelner Mitarbeiter ist.

$$\textbf{Arbeitsproduktivität je MA} = \frac{\text{Wertschöpfung}}{\text{Beschäftigte}}$$

Die Produktivität je Stunde bezieht sich auf alle Mitarbeiter gemeinsam und sagt aus, wie viel diese in einer Stunde leisten.

$$\textbf{Arbeitsproduktivität je h} = \frac{\text{Wertschöpfung}}{\text{Arbeitsvolumen}}$$

Die Arbeitsplatzstruktur bezieht sich in erster Linie auf die Anzahl von Vollzeit- und Teilzeitarbeitsplätzen. Denn je nach Arbeitszeit ergeben sich andere anzuwendende Regelungen, was die Sozialversicherungsbeiträge, Urlaubsregelungen usw. angeht. Es ist notwendig die genaue Aufteilung von Arbeitsplätzen zu kennen um richtig planen und kontrollieren zu können. Dies alles wirkt sich auf die Vertretungsregelungen innerhalb des Unternehmens aus und beeinflusst so auch die Ermittlung des oben beschriebenen Personalbedarfs.

$$\textbf{Teilzeitarbeitsplätze} = \frac{\text{Anzahl der Teilzeitarbeitsplätze}}{\text{Gesamtzahl der Arbeitsplätze}} \times 100$$

$$\textbf{Vollzeitarbeitsplätze} = \frac{\text{Anzahl der Vollzeitarbeitsplätze}}{\text{Gesamtzahl der Arbeitsplätze}} \times 100$$

Zu den Kennzahlen im Bereich der Personalerhaltung gehören neben Fluktuationsdaten auch der Krankenstand und die Unfallhäufigkeit. Für Unternehmen ist es ein Muss die mögliche Fluktuation von Mitarbeitern einzuplanen, denn durch Austritte aus dem Unternehmen kommt es zu einem erheblichen Zeitaufwand und zu hohen Kosten. Das Unternehmen benötigt Zeit neue Arbeitnehmer zu finden, diese einzuarbeiten und die Suche nach neuen Mitarbeitern kann teuer werden. Außerdem ist es wichtig, für die Übergangszeit eine angemessene Vertretungsregelung zu finden. Ferner ist diese Personalkennzahl ein Indikator für Mitarbeiterzufriedenheit bzw. -unzufriedenheit.

$$\textbf{Fluktuation} = \frac{\text{Anzahl der Austritte}}{\text{Personalanfangsbestand} + \text{Zugänge}} \times 100$$

$$\textbf{Fluktuationskosten} = \text{Austellkosten} + \text{Einstellkosten}$$

Der Krankenstand ermittelt den Anteil ausgefallener Arbeitszeit durch Krankheit und ist gleichzeitig ein Anzeichen für gesundheitliche Gefahren der Arbeitsplätze und Störungen des Betriebsklimas.

$$\textbf{Krankenstand} = \frac{\text{Krankentage}}{\text{Sollarbeitstage}} \times 100$$

Eine weitere Kennzahl, die Auskunft über die Sicherheit am Arbeitsplatz gibt, ist die Unfallhäufigkeit. Anhand dieses Wertes lassen sich nicht nur mögliche Gefahren ableiten, sondern es können auch Fehler bei Einweisung in den Arbeitsplatz, ungenaue Sicherheitshinweise oder riskantes Verhalten der Arbeitnehmer offenbart werden.

$$\textbf{Unfallhäufigkeit} = \frac{\text{Anzahl Unfälle}}{\text{durchschnittliche MA-Anzahl}} \times 100$$

Kennzahlen der Personalentwicklung sind neben der Ausbildungsquote, die bereits beschrieben wurde, auch die jährliche Weiterbildungszeit pro Mitarbeiter und die mit der Personalentwicklung verbundenen Kosten. Der

Anteil der Kosten für die Entwicklung des Personals, kann als Investitionsgrad in das Humankapital gedeutet werden.

$$\textbf{Jährliche Weiterbildungszeit pro MA} = \frac{\text{Gesamtzahl Weiterbildung}}{\text{Gesamtzahl Mitarbeiter}}$$

$$\textbf{Anteil Personalentwicklungskosten} = \frac{\text{Personalentwicklungskosten}}{\text{Gesamtpersonalkosten}} \times 100$$

Auch im Bereich der Personalfreisetzung gibt es Kennzahlen die eine große Rolle spielen, wie z.B. die Sozialplan- und Abfindungskosten. Für Unternehmen ist es Pflicht die Höhe dieser Kosten zu kennen, da zu diesen wie bereits erwähnt auch noch Aufwendungen für die Personalbeschaffung und die Einarbeitung neuer Mitarbeiter kommen, falls die Stelle neu besetzt werden soll.

$$\textbf{Sozialplankosten pro MA} = \frac{\text{Gesamtkosten d. Sozialplans}}{\text{Anzahl der betroffenen Mitarbeiter}}$$

$$\textbf{Abfindungskosten je MA} = \frac{\text{Abfindungskosten}}{\text{Anzahl der betroffenen Mitarbeiter}}$$

Auch die Personalkosten als solche lassen sich weiter in Kennzahlen unterteilen. Hier kommen dann Kennzahlen wie die Personalintensität, die Personalkosten je Mitarbeiter und je Stunde zum Vorschein.

$$\textbf{Personalintensität} = \frac{\text{Personalkosten}}{\text{Umsatz}} \times 100$$

$$\textbf{Personalkosten je h} = \frac{\text{Personalkosten}}{\text{Anzahl geleisteter Arbeitsstunden}}$$

$$\textbf{Personalkosten je MA} = \frac{\text{Personalkosten}}{\text{Anzahl der Mitarbeiter}}$$

Bei der Verwendung von Kennzahlensystemen im Personalcontrolling sind aber auch Grenzen und Gefahren zu beachten. Es besteht das Risiko, dass qualitative Ansatzpunkte wie z.B. Motivation, Zufriedenheit und Loyalität der Mitarbeiter nicht erfasst werden.

Mit Hilfe von Kennzahlen, lassen sich rechnerisch durch Trendverfahren zukünftige Trends ermitteln.

7.2.2 Trendverfahren

Mittels Trendverfahren kann ein sog. Zeitreihenvergleich angestellt werden. So ist es möglich über einen bestimmten Zeitraum Daten miteinander zu vergleichen und einen Anstieg, Rückgang oder das Halten von Werten festzustellen.

Mit dem Trendverfahren können Zusammenhänge, Abhängigkeiten und Kennzahlen ermittelt werden, die zeigen, wie die betrachteten statistischen Daten beeinflusst werden. Die Entwicklung dieser Daten wird für einen längeren Zeitraum beobachtet bis ein Trend sichtbar ist. Anschließend wird mittels mathematischer Verfahren eine Zukunftsprognose aufgestellt.

7.2.3 Analyse

Die Analyse kann neben dem direkten Datenvergleich auch die Untersuchung komplexer Zusammenhänge umfassen. Es stehen verschiedene Techniken sowohl quantitativer als auch qualitativer Natur zur Unterstützung der Analyse zur Verfügung, z.B. Vergleiche.

7.2.4 Vergleiche

Um die Effizienz des Personalmanagements zu messen werden Vergleiche angestellt. Dazu können verschiedene Arten von Vergleichen verwendet werden.

7.2.4.1 Arten von Vergleichen

7.2.4.1.1 Soll-Ist-Vergleich

Hierbei handelt es sich um einen Vergleich von Vorgaben und tatsächlich erreichten Werten. Die Grundlage für diesen Vergleich bilden die Unternehmensziele. Der Soll-Ist-Vergleich bildet die Basis für Kontroll- u. Steuerungsprozesse, da mit ihm geplante und tatsächliche Zahlen miteinander verglichen werden.

7.2.4.1.1.1 Ablauf eines Soll-Ist-Vergleichs

1. Erarbeitung von Teilplänen basierend auf den Unternehmenszielen
2. Vergleich von Ist-Werten mit geplanten Soll-Werten
3. Durchführung einer Abweichungsanalyse und dann gegebenenfalls Einleitung von Maßnahmen

Der Soll-Ist-Vergleich erfolgt innerhalb eines bestimmten Rahmens (Toleranzbereich). Wenn die Ergebnisse diesen Bereich überschreiten, ist eine Abweichungsanalyse einzuleiten.

Der zeitliche Zusammenhang von Datenerhebung u. Aufgabenerledigung kann variieren. Je enger der zeitliche Zusammenhang ist, umso schneller kann reagiert werden. Allerdings ist zu beachten, dass Abweichungsanalysen genauer sind, wenn genug Zeit vorhanden ist. Mit der Abweichungsanalyse wird nach den Ursachen geforscht, die die Abweichung bewirkt haben. Es wird dabei auch nach zukünftigen Maßnahmen gesucht.

Auch andere Vergleichsarten, wie Zeit- und Gegenstandsvergleiche spielen bei der Analyse eine wichtige Rolle.

7.2.4.1.2 Zeitvergleich

Beim Zeitvergleich werden Daten verschiedener Perioden miteinander verglichen. Durch diese Vergleichsart wird deutlich, in welchen Bereichen Veränderungen und Abweichungen aufgetreten sind. Zum Beispiel, dass die Arbeitsproduktivität seit drei Monaten kontinuierlich gestiegen ist.

Zeitvergleiche haben das Ziel, darzustellen wie sich die Verwendung personalpolitischer Instrumente geändert hat. Es bietet sich an den Zeitvergleich von Kennzahlen aus einem erfolgreichen Basisjahr durchzuführen.

Bei den beiden eben dargestellten Vergleichsarten, sind alle verwendeten Werte im gleichen Verantwortungsbereich entstanden. Aus diesem Grund liefern sowohl der Soll-Ist-Vergleich, als auch der Zeitvergleich eingeschränkte Informationen. Deswegen ist es ratsam auch andere Gegenstandsbereiche einzubeziehen, d.h. auch externe Vergleiche anzustellen.

7.2.4.1.3 Gegenstands-Vergleich (Betriebsvergleich)

Von einem Betriebsvergleich ist dann die Rede, wenn Daten des eigenen Unternehmens mit denen anderer verglichen werden, dadurch gewinnen die eigenen Daten an Aussagefähigkeit.

Hier werden, wie erwähnt, zum einen unterschiedliche Unternehmensbereiche verglichen zum anderen erfolgt ein Vergleich zu Konkurrenzunternehmen.

Solche Betriebsvergleiche werden in vielen Branchen durchgeführt.

Um einen solchen Vergleich durchzuführen, veröffentlichen die jeweiligen Unternehmen ihre Daten an einer zentralisierten Stelle. Dort erfolgt dann eine einheitliche Auswertung sämtlicher Daten. Die so ermittelten Ergebnisse werden dann allen teilnehmenden Unternehmen zur Verfügung gestellt.

Sollten manche Unternehmen nicht dazu bereit sein, ihre Daten einer zentralen Stelle zuzuleiten, besteht die Möglichkeit, sich die erforderlichen Daten aus der Bilanz oder der Gewinn- u. Verlustrechnung des jeweiligen Unternehmens abzuleiten.

7.2.4.1.4 Strukturvergleich

Mit dieser Form von Vergleich soll der Anteil einzelner Bestandteile an einer Gesamtheit dargestellt werden. Zum Beispiel der Anteil der Facharbeiter an der Gesamt-Mitarbeiter-Zahl.

7.2.4.1.5 Rangfolgevergleich

Beim Rangfolgevergleich erfolgt eine Gegenüberstellung der Elemente, die untersucht werden sollen. Im Rahmen der Gegenüberstellungentsteht eine Bewertung, bei der geprüft wird, ob die untersuchten Objekte kleiner, größer oder gleich groß sind. Ein Beispiel dafür ist die Höhe der Krankheitsquote des Unternehmens im Branchenvergleich

7.2.4.1.6 Häufigkeitsvergleich

Hier wird untersucht, wie oft ein bestimmtes Objekt enthalten ist. Zum Beispiel in welchem Monat die meisten Überstunden anfallen.

Die dargestellten Vergleichsarten können auch in Kombination verwendet werden, wenn z.B. Werte aus unterschiedlichen Bereichen des Unternehmens ins Verhältnis gesetzt werden sollen.

7.2.4.2 Statistische Analyse von Ursache-Wirkungs-Zusammenhängen

Sowohl die Analyse von Streuungs- u. Lagemaßen als auch die Untersuchung von Korrelationen mittels statistischer Methoden können eventuell vorliegende grundlegende Ursache-Wirkungs-Zusammenhänge anzeigen.

Da sich die Analyse größerer Datenmengen bedient ist es sinnvoll, diese Daten zunächst mittels der Ermittlung von Kennzahlen zu strukturieren und zu verdichten.

Wie bereits geschildert kann eine solche Komprimierung zu Informationsverlusten führen. Oft werden Durchschnittswerte zu Grunde gelegt, was zur Folge hat, dass die Lage bzw. Verteilung und Streuung von Einzelwerten nicht wahrgenommen werden. Deshalb ist zu empfehlen, dass bei der statistischen Analyse von Einzeldaten zusätzliche Werte, wie z.B. der Median oder Extremwerte, aufgezeigt werden.

7.2.4.3 Untersuchung von Korrelationen

Auch die Ermittlung von Korrelationen kann auf eventuell vorhandene Wirkungsbeziehungen hinweisen.

Aus diesem Grund gibt es den so genannten Korrelationsvergleich, der untersucht, ob zwischen zwei Variablen ein Zusammenhang besteht. Ein Beispiel dafür ist unter anderem das Sinken der Fluktuationsrate mit Dauer der Betriebszugehörigkeit.

7.2.5 Balanced Scorecard-Ansatz

Das von den Amerikanern Norton und Kaplan Ende der 80er entwickelte System der Balanced Scorecard (BSC) findet besonders im US-amerikanischen Raum starke Beachtung und das schon seit 1992. In Deutschland ist dies noch nicht so lange der Fall.

Die Balanced Scorecard dient sowohl der Feststellung, Präzisierung und Umsetzung einer Unternehmensstrategie als auch der Kommunikation innerhalb des Unternehmens.

Der Balanced Scorecard-Ansatz geht davon aus, dass allein finanzwirtschaftliche Kennzahlen nicht ausreichen um den Unternehmenswert korrekt anzugeben. Im Balanced Scorecard-Konzept wird die finanzielle Sichtweise durch eine Kunden-, eine Lern- und Entwicklungsperspektive und eine Perspektive der internen Prozesse ergänzt. Zusammenfassend kann die BSC als weitreichendes Steuerungssystem verstanden werden.

Der Begriff Balanced Scorecard kann im Deutschen als „ausgewogenes Zielsystem“ übersetzt werden. Es handelt sich um ein Personalcontrollinginstrument, mit dessen Hilfe einzelne Bereiche im Personalwesen zukünftig perfektioniert werden können. Um dies zu gewährleisten werden die im Vorfeld geschilderten Soll-ist-Vergleiche herangezogen.

Ziel der Balanced Scorecard ist es, die Umsetzung von Strategien zu steuern und zu kontrollieren. Doch an dieser Stelle ist darauf hinzuweisen, dass es sich bei der BSC keinesfalls um ein reines Kontrollsystem handelt, sondern auch um ein Informations-, Kommunikations- und Lernsystem.

Es werden hier sowohl monetäre als auch nicht monetäre Kennzahlen zu Grunde gelegt.

Bei diesem System werden vier grundlegende Perspektiven betrachtet. In jeder dieser vier Phasen werden geeignete Kennzahlen verwendet. Diese Kennzahlen zeigen den Erfolg der umgesetzten Strategie an.

Die Gewichtung der Perspektiven, sowie der einzelnen Indikatoren muss ausgewogen sein.

7.2.5.1 Perspektiven des Balanced Scorecard-Ansatzes:

- Finanzielle Perspektive
- Kundenperspektive
- Entwicklungs- u. Mitarbeiterperspektive
- Perspektive der internen Geschäftsprozesse

7.2.5.1.1 Finanzielle Perspektive

Ein wichtiger Teil des BSC-Systems ist die finanzielle Perspektive, da diese in Bezug auf geplante Ziele und auf die Strategie um diese Ziele umsetzen zu können große Auswirkungen hat. Um eine optimale Strategie auch zukünftig weiterverfolgen zu können ist es notwendig sich an die Ansprüche der Kapitalgeber zu halten oder sogar zu übertreffen.

Die finanzielle Perspektive wird den Anteilseignern gerecht, so ergeben sich auch Ziele, wie z.B. die Steigerung des Unternehmenswertes oder der Eigenkapitalrentabilität usw..

Diese Perspektive zeigt also, ob die Implementierung der Strategie zur Ergebnisverbesserung beiträgt. Dabei definieren Kennzahlen die finanzielle Leistung und fungieren als Endziele für die anderen Perspektiven.

7.2.5.1.2 Kundenperspektive

Diese Perspektive richtet sich nach den Beobachtungen und Wahrnehmungen der Kunden und zielt in erster Linie auf die Kundenzufriedenheit ab. Hier werden die strategischen Ziele des Unternehmens in Bezug auf Kunden- und Marktsegmente reflektiert. Dafür sollen Kennzahlen, Zielvorgaben und Maßnahmen entwickelt werden.

Grundkennzahlen der Markt- und Kundenperspektive sind z.B.:

- Marktanteil
- Kundenakquisition

- Kundentreue
- Kundenzufriedenheit
- Kundenrentabilität (Nettogewinn)

7.2.5.1.3 Entwicklungs- u. Mitarbeiterperspektive

Diese Perspektive kann sich sowohl auf die Mitarbeiter, als auch auf die Informationstechnologie des Unternehmens beziehen. Die Basis jedoch ist das Mitarbeiterpotenzial.

Die Kennzahlen beschreiben hier die notwendige Infrastruktur um die Ziele der anderen Perspektiven zu erreichen, besonders die Notwendigkeit von Investitionen in die Zukunft wird hervorgehoben.

Bei dieser Perspektive stehen folgende drei Hauptkategorien im Vordergrund:

1. Qualifizierung von Mitarbeitern
2. Leistungsfähigkeit des Informationssystems
3. Motivation und Zielausrichtung von Mitarbeitern

Die Mitarbeiterperspektive hängt von verschiedenen Einflussfaktoren, wie z.B. der Mitarbeiterqualifikation, -produktivität, -loyalität und -zufriedenheit ab.

7.2.5.1.4 Perspektive der internen Geschäftsprozesse

Hier geht es vor allem um die Effektivität und Effizienz des Unternehmens. Um diese zu ermitteln, werden z.B. Kennzahlen bezüglich der Kapazitätsauslastung und des Qualitätsmanagements (z.B. die Fehlerquote) herangezogen.

Diese Perspektive hat die Aufgabe, die Prozesse von Bedeutung für die Abbildung von Zielen der Finanz- und Kundenperspektive aufzuzeigen.

Es ist besonders wichtig zu beachten, dass die einzelnen eben vorgestellten Perspektiven der BSC nicht unabhängig voneinander zu sehen sind. Sie wirken viel mehr aufeinander ein und sind mit der Unternehmensstrategie verbunden. So tragen die Perspektiven dazu bei Ursache-Wirkungs-Ketten zwischen den finanziellen und den restlichen Kennzahlen zu ermitteln, die dann bei der Strategieumsetzung berücksichtigt werden müssen.

Eine eben erwähnte Ursache-Wirkungs-Kette kann wie folgt dargestellt werden.

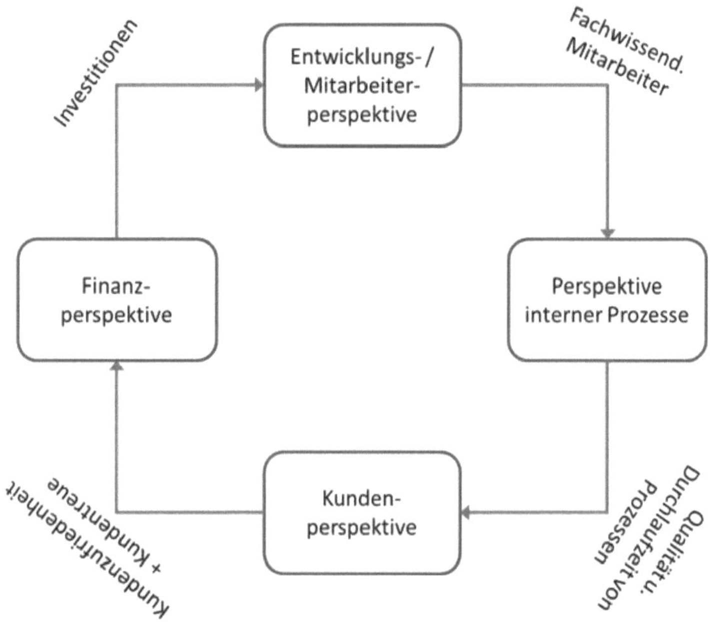

Abb. 14 Ursache-Wirkungs-Kette der BSC Perspektiven

Doch bevor all diese Ziele erreicht und Aufgaben erfüllt werden können, muss erst mal eine Balanced Scorecard entwickelt werden.

7.2.5.2 Entwicklung einer Balanced Scorecard

Die Entwicklung der Balanced Scorecard lässt sich aus folgender Abbildung Schritt für Schritt entnehmen.

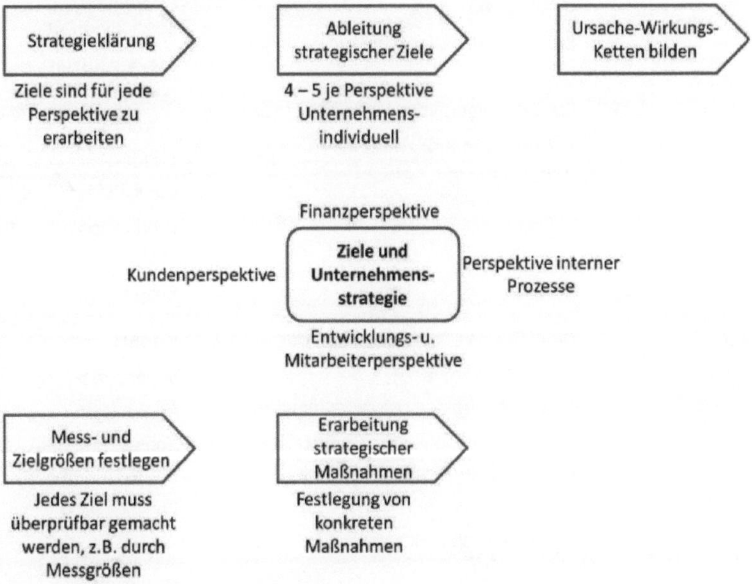

Abb. 15 Entwicklung einer BSC

Aus der obigen Abbildung, lässt sich ableiten, dass sowohl Ziele als auch Messgrößen für jede der BSC-Perspektiven festzulegen sind. Diese Ziele und Messgrößen sind in folgender Tabelle dargestellt.

7.2.5.3 Ziele und Messgrößen der einzelnen Perspektiven

Tab. 4 Ziele und Messgrößen der BSC-Perspektiven

	Ziele	**Messgrößen**
Finanz-perspektive	➢ Sicherung u. Steigerung des Unternehmenswertes ➢ Verbesserung der Kostentransparenz ➢ Ausschöpfung von Produktivitäts-, Rationalisierungs- u. Kostensenkungspotenzialen	➢ Umsatz ➢ Kosten ➢ Gewinn ➢ Rendite ➢ Wertschöpfung

Kunden-perspektive	➢ Verbesserung der Marktposition ➢ Erfüllung von Kundenwünschen ➢ Entwicklung von Produkt-innovation ➢ Erhöhung des Dienstleistungsan-gebots ➢ Beschleunigung des Vertriebs ➢ Senkung von Reklamations- u. Umtauschraten	➢ Marktanteil und -wachs-tum ➢ Produkt- u. Servicevielfalt ➢ Kundenzufrie-denheit u. -loyalität ➢ Liefer-pünktlichkeit ➢ Produktions-ausfälle ➢ Image
Entwick-lungs- u. Mitarbeiter-perspektive	➢ Qualifikation und Motivation der Mitarbeiter steigern ➢ Verbesserung der Leistungsfähig-keit ➢ Verbesserung der Informationssys-teme ➢ Projektzeiten reduzieren	➢ Umsatz ➢ Wortschöp-fung ➢ Kompetenz der MA ➢ Produktivität je MA ➢ Unterneh-menskultur ➢ Fluktuations-rate ➢ Wissens-verteilung ➢ Patent-anmeldungen
Perspektive interner Prozesse	➢ Beschleunigung von ➢ Abläufen ➢ Steigerung von Prozess- ➢ und Servicequalität ➢ Senkung der ➢ Fehlerraten ➢ Beachtung u. Förderung von Umweltschutz	➢ Entwicklungs-geschwindig-keit ➢ Bearbeitungs-, Transport- u. Liegezeiten ➢ Lagerbestän-de ➢ Kapazitäts-auslastung

Das Konzept der Balanced Scorecard verfügt über zahlreiche Besonderheiten die im Folgenden aufgeführt werden.

7.2.5.4 Besonderheiten des Balanced Scorecard Ansatzes

- nichtmonetäre Größen ergänzen die monetären Größen
- langfristige Ziele (Kennzahlen passen sich hier auch geänderte Unternehmensstrategie an)
- zukunftsorientiert
- Berücksichtigung von Wechselwirkungen zwischen den einzelnen Perspektiven

Ein wichtiger Bestandteil des BSC-Ansatzes ist der Blick auf die Gesamtperspektive, denn so tragen die einzelnen Perspektiven gemeinsam zur Unternehmensstrategie bei. Bei diesem Ansatz hat man alle Ziele, Messgrößen, Zielgrößen und Aktionen im Überblick. Dies ermöglicht es, die verschiedenen Aspekte zu verknüpfen und die wechselseitigen Reaktionen nicht nur zu beobachten, sondern gegebenenfalls auch zu beeinflussen.

Die Einführung einer birgt auf der einen Seite zahlreiche Vorteile für das Personalmanagement auf der anderen Seite aber auch einige neue Aufgaben. Zu diesen Aufgaben gehört auch die Vermittlung, da es durch Einführung einer BSC zu Konflikten kommen kann.

Durch den hier vorgestellten Ansatz, wird die Unternehmensstrategie besser gegliedert. Durch diese Struktur ist es möglich Indikatoren systematisch auszuwählen und besser über die gesamten Hierarchieebenen des Unternehmens für alle Mitarbeiter darzustellen.

Durch Einführung einer werden Kennzahlen des Personalmanagements und finanzielle Kennzahlen mit gleicher Wertigkeit betrachtet.

7.2.5.5 Vor- und Nachteile von Balanced Scorecards

Tab. 5 Vor- und Nachteile von

Vorteile BSC	Nachteile BSC
➢ einfache Darstellung von erfolgswirksamen Größen ➢ Schaffung von Transparenz ➢ Förderung des Verständnisses strategischer Ziele ➢ besserer Informationsaustausch ➢ zukunftsorientiert ➢ Aufbau von Ursache-Wirkungs-Ketten ➢ Präzisierung strategischer Ziele im Personalmanagement ➢ verständliche, präzise und knappe Darstellung der Unternehmensstrategie ➢ hierarchieübergreifend ➢ Einbeziehung der Mitarbeiter ➢ langfristiges, strategisches Orientierungsinstrument	➢ Konzentration auf wenige Steuerungsgrößen ➢ erheblicher Aufwand ➢ unrealistische Zeiträume ➢ fehlende Plausibilität bei Gewichtung der Perspektiven ➢ hohe Abhängigkeit der Ebenen voneinander ➢ falsch verstandener Wettbewerb innerhalb der BSC ➢ Überfrachtung (zu viele Ziel- Handlungs- und Messgrößen)

7.2.6 Benchmarking

Beim Benchmarking handelt es sich um ein vergleichendes Instrument. Hier wird das eigene Unternehmen in Relation zu anderen Unternehmen betrachtet. Das Benchmarking ist ein systematischer Vergleich von Produkten, Dienstleistungen und Methoden verschiedener Unternehmen. Durch den Vergleich, soll sowohl die Produktivität als auch die Qualität des eigenen Unternehmens verbessert und die Effektivität und Effizienz gesteigert werden.

Aufgrund dieser Definition kann man das Benchmarking als Erweiterung des Betriebsvergleiches sehen. Die Erweiterung ergibt sich hier zum einen durch das stärkere Erfassen von qualitativen Aspekten und zum anderen dadurch, dass der Vergleich auch branchenübergreifend erfolgen kann.

Zweck des Benchmarking ist es, das eigene Unternehmen mit dem Branchenbesten zu vergleichen, um möglichst viel dabei zu lernen. Dabei ist

Benchmarking ein kontinuierlicher Prozess, denn dies ist nötig um sich den ständig verändernden Prozessen, Technologien usw. anpassen zu können.

Da es sich bei dem Benchmarking-Prozess um eine sehr komplexe Aufgabenstellung handelt erfolgt eine Unterteilung in verschiedene Phasen.

7.2.6.1 Phasen des Benchmarkingprozesses:

1. Zu Beginn des Benchmarkingprozesses stellen sich die Fragen, wo Verbesserungsbedarf herrscht und wie bzw. wodurch eine Verbesserung erreicht werden kann.

   Zuerst müssen dafür die kritischen Funktionsbereiche und Prozesse des Unternehmens analysiert werden.

   Danach erfolgt eine Festlegung der Bereiche, die Gegenstand des Benchmarking werden sollen.

2. Suche nach passenden Benchmarking Partnern:

   → innerhalb des Unternehmens

   → außerhalb des Unternehmens

   - direkte Wettbewerber
   - Unternehmen der gleichen Branche
   - führende Unternehmen aus anderen Branchen

   Je nach den gewählten Vergleichspartnern lassen sich internes und externes Benchmarking unterscheiden.

   Internes Benchmarking:

   Beim internen Benchmarking erfolgt ein Vergleich ähnlicher oder gleichartiger Sachverhalte zwischen Bereichen des eigenen Unternehmens oder mit verbundenen Unternehmen. Es kann so zum Beispiel ein Vergleich von Strukturen oder Prozessen erfolgen.

   Externes Benchmarking:

   Externes Benchmarking vergleicht Produkte, Dienstleistungen, Prozesse, Strukturen, Prinzipien, Programme und Methoden mit Dritten, wie z.B. Mitwettbewerbern oder auch Partnern.

3. Datenerhebung und Analyse im eigenen Unternehmen und beim Benchmarking Partner.

   Anschließend werden diese Daten verglichen.

   Dabei werden die Defizite des eigenen Unternehmens so genau wie möglich ermittelt, denn bei der Auswertung der Daten sollen Leistungslücken und deren Ursachen gefunden werden. Die Daten können dabei aus unterschiedlichsten Quellen stammen.

Die hier erwähnten Daten können zum Beispiel aus folgenden Informationsquellen stammen.

Tab. 6 Informationsquellen des Benchmarking

Herkunft	Art
Benchmarking- Partner	➢ Geschäftsberichte ➢ Produktmuster ➢ Kataloge ➢ Preislisten ➢ Patente ➢ Pressemitteilungen
allgemein zugänglich	➢ Internet ➢ Fachzeitschriften ➢ Datenbanken usw.
durch Dritte	➢ Informationen von gemeinsamen Kunden oder Vertragspartnern ➢ durch abgeworbende Mitarbeiter oder Bewerber
eigene Quellen	➢ Außendienst ➢ Testkunden usw.

1. Erarbeitung effektiver Maßnahmen zur Verbesserung aufgrund der Analyseergebnisse.
2. Umsetzung der entwickelten Maßnahmen und Wirkungskontrolle.

   Aktivitäten, die gut umsetzbar sind, können teils schon dann beginnen, wenn die eigentliche Analyse noch nicht abgeschlossen ist. Schwierigere Aktionen hingegen werden später gestartet, um Leistungslücken zu schließen, da diese häufig auf Gegenwehr stoßen und größere finanzielle Mittel in Anspruch nehmen.

7.2.6.2 Vor- und Nachteile von Benchmarking

Tab. 7 Vor- und Nachteile von Benchmarking

Vorteile	Nachteile
➢ Möglichkeit von anderen zu lernen ➢ Vergleich mit direkten Konkurrenten aber auch mit branchenfremden Firmen ➢ langfristige Verbesserungen	➢ Ermittlung des besten Unternehmens schwierig ➢ nicht alle Informationen für die Öffentlichkeit sichtbar ➢ Erhebung unterschiedlicher Daten (je nach Unternehmen) ➢ Vergleichbarkeit nicht garantiert, da Unternehmen z.B. unterschiedlich groß sind usw. ➢ hoher Aufwand

7.3 Bewertende Instrumente (personenbezogen)

Lange Zeit wurde der Erfolg eines Unternehmens anhand von (Geld-) Kapital ermittelt und bewertet, doch die Frage inwieweit Wissen und Leistung von Mitarbeitern zum Unternehmenserfolg beitragen erlangt immer größere Bedeutung.

Damit der Wert der Mitarbeiter für das Unternehmen, überhaupt festgestellt werden kann muss eine Beurteilung erfolgen. Die verschiedenen Verfahren, um eine solche Beurteilung zu erstellen, werden im Folgenden geschildert.

7.3.1 Personal- und Leistungsbeurteilung

In Unternehmen ist die Beurteilung von Menschen an der Tagesordnung und mittlerweile unabdingbar. Es werden sowohl das Verhalten, als auch Leistungs- u. Verhaltenskriterien zugrunde gelegt.

Bei der Personalbeurteilung geht es um die Einschätzung von Personen, indem man sie beurteilt. Es werden sowohl bereits im Unternehmen Beschäftigte als auch Bewerber beurteilt. Dabei werden zum einen die Leistung und zum anderen das Verhalten (gegenüber Mitarbeiter, Kollegen und Vorgesetzten) des zu Beurteilenden bewertet.

Die Personalbeurteilung dient nicht nur dazu, die Mitarbeiter zu beraten, darüber hinaus ist sie ein Instrument für den Beurteiler selbst, damit er zielgerichtet agieren kann. Es darf bei einer Beurteilung nie vergessen werden, dass sie objektiv sein muss.

Folgende Merkmale kennzeichnen eine Personalbeurteilung.

7.3.1.1 Merkmale einer Personalbeurteilung:

- Regelmäßigkeit
- standardisierte Verfahren (z.B. Beurteilungsbögen),
- Bewertung von Leistung, Verhalten oder Persönlichkeit des Mitarbeiters
- Beurteilung durch den direkten Vorgesetzten

Diese Hauptmerkmale gelten jedoch längst nicht für alle Beurteilungsformen.

Grundsätzlich kann der Arbeitgeber frei entscheiden, ob er ein Verfahren zur Beurteilung der Arbeitnehmer einführt. Allerdings können in Tarifverträgen Regelungen enthalten sein, die sich auf Personalbeurteilungen beziehen. Aus diesem Grund sind sowohl die geltenden Tarifverträge, als auch die Mitbestimmungsrechte des Betriebsrates zu beachten.

Bevor eine Personalbeurteilung durchgeführt werden kann, müssen folgende grundsätzliche Fragen geklärt werden.

- Wer soll von wem beurteilt werden?
- Warum soll eine Beurteilung durchgeführt werden?
- Was genau soll beurteilt werden?
- Welche Beurteilungsmethode soll gewählt werden und worauf soll geachtet werden?
- Welcher Beurteilungszyklus soll verwendet werden?

Die Beschäftigten sollten schon früh, gründlich und umfassend informiert werden. Sollte diese Information nicht erfolgen, wird eine Personalbeurteilung wohl kaum akzeptiert werden, was dazu führt, dass das Verfahren seinen Zweck verfehlt.

Bei Gesamtbeurteilungen werden regelmäßig alle Mitarbeiter einer Abteilung oder des ganzen Unternehmens beurteilt.

Um eine Beurteilung durchzuführen werden in der Regel arbeitsplatzrelevante Leistungs- u. Verhaltenskriterien zugrunde gelegt.

Beurteilungen von Personal sind auf die im Anschluss dargestellten Ziele ausgerichtet.

7.3.1.2 Ziele von Personalbeurteilungen:

- Personalführung und Förderung der Arbeitnehmer
- Entgeltpolitik (Zulagen, Leistungsanreize usw.)
- Personalplanung und -einsatz
- Personalentwicklung (Weiterbildungsmaßnahmen, Verhaltenstraining)
- Unterstützung, Ergänzung und Überprüfung von Personalentscheidungen

Neben der reinen Leistungsbeurteilung kann auch eine Beurteilung der Persönlichkeit oder der Potentiale vorgenommen werden. Die Bewertung kann zu bestimmten Zeitpunkten erstellt werden, z.B. wenn die Probezeit endet, es können aber auch Jahres- oder Halbjahresrhythmen vereinbart werden.

7.3.1.3 Leistungsbeurteilung

Die so genannte Leistungsbeurteilung zielt auf die Leistung eines Mitarbeiters oder einer Gruppe von Mitarbeitern ab, die beobachtet werden kann.

Diese Form der Beurteilungen, die sich auf Leistungen bezieht, erfolgt aus der Ex-post-Perspektive. Die Beurteilung von Potentialen richtet sich im Gegensatz dazu auf Zukunftserwartungen durch die individuelle und kollektive Leistungspotentiale abschätzbar werden.

7.3.1.4 Turnus

Die Entscheidung wann und wie oft eine Personalbeurteilung stattfinden soll hängt von den Zielen der jeweiligen Beurteilung ab. In der Regel erfolgen Personalbeurteilungen alle ein bis zwei Jahre. Dabei können für unterschiedliche Führungsebenen oder Mitarbeitergruppen auch andere Zeiträume für die Beurteilung gewählt werden, wenn dies sinnvoll erscheint.

Neben den hier dargestellten, so genannten regelmäßigen Beurteilungen kommen auch anlassbedingte Personalbeurteilungen in Betracht. Die Gründe für eine solche Beurteilung können verschiedenster Art sein, wie z.B.:

- Beendigung der Probezeit
- Versetzungen
- Beförderungen
- Disziplinarmaßnahmen
- Zeugnisausstellung

Eine Besonderheit dieser Beurteilungsform ist, dass sie immer nur eine einzelne Person betrifft.

Es gibt zahlreiche Beurteilungsverfahren, die sich in hierarchische und nicht hierarchische unterteilen lassen. Zunächst möchte ich auf die so genannten hierarchischen Leistungsbeurteilungsverfahren eingehen.

7.3.1.4.1 Hierarchische Leistungsbeurteilungsverfahren

Abb. 16 Übersicht hierarchischer Leistungsbeurteilungsverfahren

Im Nachfolgenden werden die oben abgebildeten Verfahren näher beschrieben.

7.3.1.4.1.1 Freie Beurteilung

Von freier Beurteilung ist dann die Rede, wenn Mitarbeiterleistungen ohne strukturierte Vorgaben und bestimmte Verfahren beurteilt werden. Es ist vielmehr so, dass sich der Beurteilende auf seine Intuition verlässt, wenn er beurteilt, wie zufrieden er mit dem jeweiligen Mitarbeiter ist.

7.3.1.4.1.1.1 Vor- und Nachteile dieser Methode

Tab. 8 Vor- und Nachteile freier Beurteilung

Vorteile	Nachteile
➢ es kann speziell auf den jeweiligen Arbeitsplatz und Mitarbeiter eingegangen werden ➢ spontaner als andere Beurteilungsformen	➢ fehlende Kriterien machen Beurteilungen nicht immer nachvollziehbar ➢ fehlende Akzeptanz kann zu Problemen führen ➢ geringe Vergleichbarkeit zu Beurteilungen anderer Mitarbeiter

7.3.1.4.1.2 Rangordnungsverfahren

Bei diesem Beurteilungsverfahren, werden Mitarbeiter ihren Leistungen entsprechend in eine Rangfolge gesetzt.

Das Rangordnungsverfahren kann in drei Teilverfahren untergliedert werden:

1. Summarische Rangfolgeverfahren
2. Paarvergleich
3. Verfahren der erzwungenen Verteilung

7.3.1.4.1.2.1 Summarische Rangfolgeverfahren

Bei diesem Verfahren, werden die Leistungen der einzelnen Arbeitnehmer in Form einer Gesamtbetrachtung beurteilt. Dazu wird die Leistung anhand der Ausprägung eines bestimmten Kriteriums bewertet.

Zunächst legt der Beurteilende dabei fest, welcher Mitarbeiter in dem jeweiligen Zeitraum die beste und welcher die schlechteste Leistung erbracht hat. Danach werden dann sowohl der zweitbeste als auch der zweitschlechteste Mitarbeiter bestimmt. So ist es möglich, alle Mitarbeiter miteinander in Relation zu setzen.

Es gibt kaum einen Unterschied zwischen diesem Verfahren und der freien Beurteilung. Aus diesem Grund greift man auf analytische Rangfolgeverfahren mit unterschiedlichen Leistungskriterien zurück. Dabei wird für jedes Kriterium eine eigene Rangfolge der Mitarbeiter festgelegt. Die bestimmten Rangplätze werden dann mit Punkten versehen. Erst durch Zusammenrechnen dieser Punktwerte kommt es zu einer Gesamtrangfolge.

7.3.1.4.1.2.2 Paarvergleich

Ein Paarvergleich liegt dann vor, wenn z.B. die Mitarbeiter einer Arbeitsgruppe im Hinblick auf ein bestimmtes Merkmal untereinander verglichen werden. So kann festgestellt werden, welcher Mitarbeiter der jeweils bessere ist, der dann einen Punkt erhält. Auch hier ergibt sich dann aus der Addition der einzelnen Punktwerte eine Gesamtrangfolge.

Je größer die zu beurteilende Gruppe ist, umso schwieriger ist es die vordefinierten Kriterien konstant anzuwenden.

7.3.1.4.1.2.3 Verfahren der erzwungenen Verteilung

Bei dem Verfahren der erzwungenen Verteilung wird angenommen, dass in jeder zu beurteilenden Gruppe eine Normalverteilung vorliegt. Die Normalverteilung geht davon aus, dass in jeder Gruppe jeweils 10 Prozent sehr gute und sehr schlechte, 20 Prozent gute und schlechte und 40 Prozent durchschnittliche Mitarbeiter vertreten sind.

Nachteilig können hier zum Beispiel die fehlenden Differenzierungsmöglichkeiten besonders in der Gruppe der durchschnittlichen Mitarbeiter sein, da diese so groß ist. Ein weiteres Problem sind die harten Übergänge an den Grenzen zwischen den einzelnen Gruppen.

7.3.1.4.1.3 Kennzeichnungsverfahren

Dieses Verfahren gibt an, ob und wie der beurteilte Mitarbeiter die vorgegebenen Kriterien erfüllt.

Auch das Kennzeichnungsverfahren lässt sich in Teilverfahren untergliedern:

1. Checklist-Verfahren
2. Zwangswahlverfahren
3. Verfahren der kritischen Ereignisse

7.3.1.4.1.3.1 Checklist-Verfahren

Bei diesem Verfahren verwendet der Beurteilende eine Liste mit kurzen Beschreibungen bzgl. des Verhaltens der Mitarbeiter, damit eine Einschätzung des einzelnen Mitarbeiters erfolgen kann. Der Beurteilende gibt dabei eine Beschreibung ab, die dann z.B. von der Personalabteilung ausgewertet wird.

7.3.1.4.1.3.2 Zwangswahlverfahren

Dieses Verfahren ist eine Spezialisierung des eben geschilderten Checklist-Verfahrens. Hier soll der Beurteiler seine Beschreibung des Verhaltens sowohl in positiver als auch in negativer Weise vornehmen, wie z.B. durch eine Einteilung in richtig oder falsch. So können keine eigenen Kriterien oder Ausprägungen verwendet werden, sondern nur die vorgegebenen.

7.3.1.4.1.3.3 Verfahren der kritischen Ereignisse

Dieses Verfahren legt die Annahme zu Grunde, dass Erfolge bzw. Misserfolge bei der Erfüllung von Aufgaben von spezifischen Verhaltensweisen der Mitarbeiter abhängen. Dabei werden Verhaltensweisen auffälliger Art über einen längeren Zeitraum gesammelt.

Tab. 9 Vor- und Nachteile des Verfahrens kritischer Ereignisse

Vorteile	Nachteile
➢ stark formalisiert, ➢ zur Beurteilung größerer Gruppen geeignet	➢ engen die Auslegungsmöglichkeit des Beurteilenden ein, ➢ keine inhaltliche Begründung der Beurteilung, ➢ hoher Aufwand, da stellenspezifische Kriterien entwickelt werden müssen

7.3.1.4.1.4 Einstufungsverfahren

Bei dieser Art von Verfahren, werden die Merkmale zur Beurteilung im Vorfeld gewichtet und mit Skalen versehen. Da die Skalen für die Bewertung vorgegeben werden, können so die verschiedenen Ausprägungen einzelner Kriterien direkt bei der Beobachtung angegeben werden.

Normalerweise werden hier Formulare eingesetzt, die Beurteilungskriterien sowie geordnete Ausprägungsstufen in verbal beschriebener Form enthalten.

Der Beurteilende vergleicht seine Wahrnehmung mit den dort vorgegebenen Kriterien und wählt die passendste Ausprägung aus. So soll eine faire Beurteilung ermöglicht werden, indem beispielsweise Pauschalurteile vermieden werden.

Es gibt unterschiedliche Ausprägungen von Einstufungsverfahren:

1. merkmalsorientierte Verfahren,
2. verhaltensorientierte Verfahren.

7.3.1.4.1.4.1 Merkmalsorientierte Verfahren

Hier sind Tätigkeits- und Eigenschaftsmerkmale vorgegeben. Der Beurteilende verwendet numerische Skalen um anzugeben, welche Merkmale auf den Mitarbeiter zutreffen. Es gelten hierbei normalerweise für alle Mitarbeiter die gleichen Merkmale, nur die Führungskräfte sind ausgenommen, da ihnen andere Aufgaben obliegen und somit andere Anforderungen vorliegen.

Ziel ist es so, die Ergebnisse der Mitarbeiter innerhalb des ganzen Unternehmens vergleichen zu können. Um dies umzusetzen, kann es erforderlich sein die Merkmale zu gewichten, damit man unterschiedlichen Anforderungen gerecht werden kann. Die Gewichtung kann dabei entweder durch den Beurteilenden festgelegt oder bereits im Vorfeld bestimmt werden. Die Auswahl der Beurteilungskriterien ist dabei sehr schwer, da diese sowohl unternehmensweit als auch personenspezifisch anwendbar sind.

7.3.1.4.1.4.2 Verhaltensorientierte Verfahren

Bei diesen Verfahren wird davon ausgegangen, dass das Verhalten des Mitarbeiters zu einem bestimmten Arbeitsergebnis führt. Die Beurteilungsskalen lassen sich aus dem Grund in Erwartungs- und Beobachtungsskalen unterscheiden.

Die Verhaltenserwartungsskalen werden arbeitsspezifisch entworfen. Bei der eigentlichen Beurteilung ist dann davon auszugehen, welches Verhalten von dem beurteilten Mitarbeiter zu erwarten gewesen wäre.

Ein Problem bei diesem Verfahren ist, dass Verhaltensmuster nur begrenzt erfasst werden können. Außerdem ist es schwierig das beobachtete Verhalten einem Leistungsniveau zuzuordnen. Nachteilig ist auch, dass nur leistungsrelevantes Verhalten berücksichtigt wird. Weiterhin erfordert dieses Verfahren einen hohen Aufwand, da eine regelmäßige Anpassung nötig ist.

Die hier verwendeten Verhaltensskalen gründen sich dabei auf beobachtete Verhaltensweisen. Aus diesem Grund werden sie auch „Behavioral Observation Scales“ genannt.

Auf einer Skala, soll angegeben werden, wie oft die vorgegebenen Verhaltensweisen aufgetreten sind:

- fast nie
- selten
- gelegentlich
- häufig
- fast immer

Dieses Verfahren stellt eine Erleichterung für den Beurteiler dar, da die Kriterien vorgegeben sind. Allerdings ist auch hier ein hoher Aufwand von Nöten.

7.3.1.4.1.5 Aufgabenorientierte Verfahren

Die Beurteilung erfolgt hier auf Grundlage der zu erbringenden Aufgaben.

Dieses Beurteilungserfahren erfolgt Schrittweise:

1. Festlegung wesentlicher Aufgaben
2. Leistungsbeurteilung anhand stellenspezifischer Aufgaben
   Mögliche Ausprägungen:
   - ungenügend
   - mangelhaft
   - befriedigend
   - gut
   - ausgezeichnet
3. Suche nach Ursachen für das jeweilige Verhalten
4. Ableitung von Maßnahmen

Neben dem hohen Aufwand, stellt auch die geringe Vergleichbarkeit durch spezifische Kriterien einen Nachteil dieses Verfahrens dar.

7.3.1.4.1.6 Zielorientierte Verfahren

Bei diesem Verfahren werden den Mitarbeitern Zielvorgaben gemacht, an deren Erreichung die Leistung gemessen wird. Die Beurteilung erfolgt ausschließlich auf Grund der Arbeitsleistung. So wird eine transparente Beurteilung möglich.

Dieses Verfahren ist nur anwendbar, wenn eigenständige Verantwortungsbereiche vorliegen.

7.3.1.4.2 Nicht hierarchische Beurteilungsverfahren

Neben den gerade beschriebenen hierarchischen gibt es auch nicht hierarchische Beurteilungsverfahren. Grundsätzlich werden an beide Verfahren die gleichen Anforderungen gestellt. Außerdem haben sie dieselben Ziele.

Es können verschiedene nicht hierarchische Beurteilungsverfahren unterschieden werden:

1. Vorgesetztenbeurteilung
2. Gleichgestelltenbeurteilung
3. Selbstbeurteilung

7.3.1.4.2.1 Vorgesetztenbeurteilung

Mitarbeiter bewerten hier ihren direkten Vorgesetzten im Hinblick auf sein Führungsverhalten. Die dabei erworbenen Kenntnisse bzgl. ihres eigenen Führungsverhaltens ermöglichen der Führungskraft eben dieses Verhalten zu hinterfragen und gegebenenfalls zu verbessern.

In der Regel wird diese Art der Beurteilung durch den Vorgesetzten selbst oder durch die Personalabteilung anberaumt.

Die Beurteilung erfolgt anonym mittels Fragebogen. Die Ergebnisse können der beurteilten Führungskraft selbst oder deren Vorgesetzten übermittelt werden, damit die nötigen Maßnahmen durchgeführt werden können. Problematisch bei diesem Verfahren ist, dass die Beurteilung nicht immer objektiv ist.

7.3.1.4.2.2 Gleichgestelltenbeurteilung

Mitarbeiter auf gleicher Hierarchieebene beurteilen sich gegenseitig. Dies eignet sich besonders dann, wenn Vorgesetzte in einem größeren Unternehmen nicht detailliert über jede einzelne Handlung Bescheid wissen. Ein weiterer Vorteil ist, dass gleichgestellte Mitarbeiter oft besser in der Lage sind, ihre Kollegen zu beurteilen, da sie deren Beitrag zum Gruppenergebnis kennen. Problematisch ist aber, dass sich die Beurteilenden häufig durch ein persönliches Verhältnis zum Beurteilten beeinflussen lassen. So kann es bei Sympathie zu besonders milden Beurteilungen, bei Antipathie hingegen zu extra strengen Bewertungen kommen.

Da durch die Gleichgestelltenbeurteilung über jeden Mitarbeiter gleichzeitig eine Vielzahl von Bewertungen abgegeben werden, ist es erforderlich die so ermittelten Daten zusammen zu fassen. Nur wenn eine Verdichtung der Daten erfolgt, ist es möglich die Ergebnisse richtig verwenden zu können, denn nur so kann deren Aussagefähigkeit gewährleistet werden.

Nachdem die Beurteilung erfolgt ist, werden deren Ergebnisse dem Beurteilten und dessen Vorgesetzten mitgeteilt.

Tab. 10 Vor- und Nachteile der Gleichgestelltenbeurteilung

Vorteile	Nachteile
➢ mehrere Beurteilungen gleichzeitig pro Mitarbeiter ➢ vielseitiger und aussagekräftiger als eine Beurteilung durch eine Einzelperson	➢ Daten müssen systematisch verdichtet werden ➢ hoher Aufwand ➢ fehlende formale Distanz

7.3.1.4.2.3 Selbstbeurteilung

Wie der Name schon sagt, bewertet jeder Mitarbeiter seine eigene Leistung. Diese Beurteilungsform, wird oft gemeinsam mit anderen Verfahren angewendet. So können Mitarbeiter z.B. einige Zeit vor einem Beurteilungsgespräch ihre Leistung selbst einschätzen.

Im dem Beurteilungsgespräch, wird dann die Selbsteinschätzung mit der Bewertung des Vorgesetzten oder der Kollegen verglichen. Bei bestehenden Unterschieden können so eigene Wahrnehmungen, die nicht der Realität entsprechen entdeckt und eigene Schwächen besser erkannt werden. Schwierig kann es aber werden, wenn der Mitarbeiter zu Selbstüberschätzung neigt.

7.3.1.4.3 360-Grad-Feedback

Bei dieser Beurteilungsform, wird das Verhalten der zu beurteilenden Person aus verschiedenen Perspektiven eingeschätzt. So kann sie zum Beispiel aus der Perspektive des Vorgesetzten, der Kollegen, der Mitarbeiter oder der Kunden erfolgen und durch eine Selbstbeurteilung ergänzt werden.

7.3.1.4.3.1 Phasen des 360-Grad-Feedbacks:

- ➢ Einschätzungen über Person, die beurteilt werden soll, müssen eingeholt werden
- ➢ dies erfolgt über standardisierte, anonyme, schriftliche Befragungen
- ➢ Bewertung durch Experten

- Rückmeldung an beurteilte Person
- Interpretation der Ergebnisse mit Hilfe externer Experten
- Feedbackgespräch bei dem Anonymität durchbrochen wird

Die gesamten Verfahren der Leistungsbeurteilung, können einige Probleme nach sich ziehen. Diese werden im Folgenden beschrieben.

7.3.1.4.4 Mögliche Problemfelder der Leistungsbeurteilung

- Objektivität:
  Objektivität der Anwender
- Reliabilität:
  Zuverlässigkeit des Beurteilungsverfahrens
- Validität:
  Aussagekraft des Beurteilungsverfahrens
- Beurteilungsfehler:
  Können nicht ausgeschlossen werden
- Gründe:
  - situative Störfaktoren,
  - der Beurteilende kann durch äußere Faktoren beeinflusst werden
  - bewusste Verfälschungen
  - wenn Beurteilender bewusst falsch beurteilt, der Grund dafür kann z.B. Antipathie sein
  - Vorurteile
  - Anwendung des richtigen Maßstabs, z. B.:
    - Tendenz zur Mitte
    - Strenge- oder Mildefehler
    - Reueeffekt (milde Beurteilung zur Wiedergutmachung von Fehlern)
    - bessere Beurteilung von Personen, die dem Beurteiler ähnlich sind
  - falsche Wahrnehmung,
  - Kapazität zur Informationsverarbeitung kann begrenzt sein.
- Halo-Effekt:
  Ein Beurteilungsmerkmal ist besonders stark ausgeprägt und wirkt auf andere Merkmale ein (z.B. wenn vom Aussehen auf den Charakter geschlossen wird)

- Regency-Effekt:

  Es kann zu Fehleinschätzungen der jeweiligen Mitarbeiterleistung kommen, wenn der Zeitpunkt der Beurteilung ungünstig gewählt wird. So kann es dazu kommen, dass ausschließlich Ereignisse der jüngeren Vergangenheit berücksichtigt werden.

- Primacy-Effekt:

  Hier liegt die Problematik ähnlich wie beim Regency-Effekt in der zeitlichen Komponente. Allerdings werden dabei in erster Linie Geschehnisse berücksichtigt, die zu Beginn der Beurteilung in Erscheinung getreten sind.

- Pygmalion-Effekt:

  Als Pygmalioneffekt, wird das falsche bewerten aufgrund einer vorgefassten Meinung durch den Beobachter beschrieben. Diese fehlerhafte Einschätzung bezieht sich darauf, wenn der Bewertende einen Mitarbeiter im Vorfeld besonders schätzt und diesen aufgrund seiner Wertschätzung intensiver als andere Mitarbeiter beobachtet. Bestätigt sich dann die positive Wahrnehmung, kann es dazu kommen, dass der Beobachter im Laufe der Zeit Fehler dieses Mitarbeiters übersieht.

- Kleber-Effekt:

  Mitarbeiter, die längere Zeit nicht befördert wurden, werden häufig unterschätzt und werden deshalb schlechter beurteilt

- Hierarchie-Effekt:

  Mitarbeiter mit höheren Positionen in der Unternehmenshierarchie werden hier im Gegensatz zum Kleber-Effekt oft besser bewertet.

Auch wenn es zu einer Fülle von Problemen kommen kann sind formale Beurteilungen unabdingbar. Da bei dieser Form der Bewertung die Beurteilungskriterien und deren Gewichtung im Vorfeld bekannt sind, bieten sie bessere Chancen als die Form der informellen Beurteilung, da bei dieser sowohl die Transparenz als auch die Systematik Lücken aufweisen.

7.3.1.5 Potenzialbeurteilung

Wie der Name dieses Beurteilungsverfahrens schon sagt, soll mit dessen Hilfe das Potenzial der Arbeitnehmer bewertet werden. Es soll gemessen werden welche Fähigkeiten, Kenntnisse und Bereitschaft die einzelnen Arbeitnehmer haben und künftige Arbeitsanforderungen zu erfüllen. So soll festgestellt werden, wer für andere bzw. höhere Aufgaben geeignet ist.

Die Potenzialbeurteilung ist anders als die Leistungsbeurteilung auf die Zukunft ausgerichtet. Bei dieser Form der Beurteilung geht es um die Frage, über welches Potenzial die einzelnen Mitarbeiter verfügen.

Es ist darauf hinzuweisen, dass der Begriff „Potenzial" sowohl gegenwärtige, als auch zukünftige Qualifikationsmerkmale umfasst.

7.3.1.5.1 Ziele der Potenzialbeurteilung

1. Unternehmensweite, permanente Erhebung des Leistungspotenzials der Mitarbeiter bzw. des Unternehmens
2. Aufdeckung und Abbau von Leistungsdefiziten
3. Rechtzeitige Entdeckung und Förderung von Potenzialen um Stellen optimal zu besetzen
4. Vermeidung von Fluktuation (besonders von Führungskräften)

Zusammenfassend kann die Potenzialbeurteilung als Informationssystem angesehen werden, dass Auskunft über erwartete Qualifikationen der Mitarbeiter gibt und je nach Bedarf verwendet werden kann.

Ausgangspunkt für die Potenzialbeurteilung ist der qualitative Personalbedarf. Die Anforderungen an die Mitarbeiter ergeben sich aus den zu erledigenden zukünftigen Aufgaben im Unternehmen. Damit die Erfüllung dieser Aufgaben gewährleistet werden kann, muss geprüft werden, ob der jeweilige Mitarbeiter über die nötige Qualifikation verfügt bzw. ob er das Potenzial hat, die Qualifikation zu erwerben.

Nachdem konkrete Aufgaben und damit verbundene Anforderungen feststehen erfolgt die Potenzialbeurteilung.

7.3.1.5.2 Verfahren der Potenzialbeurteilung

Auch für diese Form der Beurteilung gibt es verschiedene Verfahren, die sich in der Regel nicht groß von denen der Leistungsbeurteilung unterscheiden wie z.B.:

1. Diagnoseorientierte Verfahren
2. Biographische Verfahren
3. Verhaltensorientierte Verfahren

7.3.1.5.2.1 Diagnoseorienteierte Verfahren

Diese Verfahren zeigen Merkmale und Entwicklungen von Qualifikationen auf. Dabei wird davon ausgegangen, dass sich die Rahmenbedingungen konstant entwickeln. Die Beurteilung erfolgt hier oft willkürlich.

Die mögliche Willkür ist allerdings nicht die einzige Problematik, auch die Vergangenheitsorientierung kann zu Schwierigkeiten führen.

7.3.1.5.2.2 Biographische Verfahren

Auch bei diesem Verfahren soll das Leistungspotenzial der Mitarbeiter ermittelt werden. Die Beurteilung erfolgt hier aber anders als bei den zuvor beschriebenen Bewertungsarten auf Basis biographischer Daten und Leistungsindikatoren.

7.3.1.5.2.3 Verhaltensorientierte Verfahren

Diese Verfahrensart eignet sich von den genannten am besten zur Potenzialbeurteilung. Zu diesen Verfahren gehört zum Beispiel die Durchführung eines Assessment Center.

Der Nachteil von verhaltensorientierten Verfahren sind aber die zahlreichen Anforderungen an die Beurteilenden und der hohe Aufwand insgesamt.

Neben den oben beschriebenen Schwierigkeiten, die auch bei der Leistungsbeurteilung auftreten können, gibt es bei Potenzialbeurteilungen noch mehr mögliche Probleme. So ist es sehr schwierig eine aussagekräftige Beurteilung durchzuführen, da sich die Anforderungen während des gesamten Beurteilungsprozesses weiterentwickeln. Die Entwicklung von Qualifikationen und Potenzialen hängt häufig von der Motivation der Mitarbeiter ab, doch ein Verfahren, dass zuverlässig misst, wie motiviert ein Mitarbeiter zum Zeitpunkt der Beurteilung ist oder auch in der Zukunft sein wird, gibt es nicht.

Insgesamt ist also festzustellen, dass die Potenzialbeurteilung oft nur schwer durchzuführen ist und wenn es gelingt ist sie nicht sehr aussagekräftig.

7.3.1.6 Kritik an Personalbeurteilungen

Die menschliche Persönlichkeit lässt sich nur sehr schlecht mit Beurteilungskriterien oder gar Noten bewerten. Auch die Beurteilung der Mitarbeiterleistung erweist sich aufgrund des individuellen Potenzials und der jeweiligen Lebenssituation als schwierig.

Um dem vorzubeugen, etwas zu übersehen, kommt es häufig zu einer Überfrachtung durch zu viele Beurteilungskriterien oder Stufen, so kann es zu Überschneidungen und Doppelbewertungen kommen. In der Praxis werden deshalb meistens oben beschriebene Leistungs- u. Personalbeurteilungen durchgeführt, die dann oft mit Zielgesprächen und Zielvereinbarungen verbunden werden.

7.3.2 Zielvereinbarung

Zielvereinbarungsgespräche werden insbesondere dann geführt, wenn die Zielerreichung für einzelne Arbeitnehmer maßgebend ist und wenn deren Löhne und Gehälter je nach Erfüllung der Ziele variiert.

In diesen Gesprächen geht es unter anderem um die Fixierung zukünftiger Aufgabenstellungen aber auch darum Möglichkeiten zur Förderung und Verbesserung durch die Personalentwicklung zu finden.

Führungskräfte und Mitarbeiter einigen sich darauf, dass die so abgestimmten Ziele maßgeblich sind. Durch das gemeinsame Festlegen von Zielen können sowohl für den Mitarbeiter als auch für das Unternehmen Vorteile entstehen.

7.3.2.1 Vorteile von Zielvereinbarungen für Unternehmen und Arbeitnehmer

Tab. 11 Vorteile von Zielvereinbarungen

Vorteile Unternehmen	Vorteile Mitarbeiter
➢ leichtere Koordination von Prozessen und Aufgaben ➢ Vermittlung und Diskussion von Prioritäten ➢ Erleichterung bei der Beurteilung von Mitarbeitern ➢ Kenntnisse und Erfahrungen der Mitarbeiter können in den Planungsprozess einbezogen werden ➢ Einbezug steigert die Identifikation der Mitarbeiter mit den Arbeitsinhalten ➢ positive Veränderung des Leistungsverhalten	➢ aktive Mitarbeit bei der Zielfestlegung ➢ Möglichkeit zur Selbststeuerung ➢ Spielraum für Autonomie und Kreativität ➢ Offenlegung späterer Beurteilungskriterien ➢ bessere und genauere Selbsteinschätzung ➢ Steigerung der Motivation ➢ Förderung der persönlichen Entwicklung durch herausfordernde Ziele

➢ Mitarbeiter fühlt sich stärker verantwortlich für Zielerreichung ➢ Selbstkontrolle der Mitarbeiter wird gefördert	

Diese Vorteile können aber nur dann erreicht werden, wenn sich die Geschäftsführung und die Mitarbeiter auf das Zielvereinbarungsgespräch vorbereiten.

Es können und sollen wie bereits erwähnt, sowohl quantitative als auch qualitative Daten erfasst werden.

7.3.3 Qualitative Erhebungsverfahren

Das Treffen von Entscheidungen und das Aussprechen von Handlungsempfehlungen allein auf Grund der Verwendung von quantitativen Größen sind nicht möglich. Darum gibt es sog. qualitative Erhebungsverfahren, zu denen gehören u.a. die oben bereits genannten Beobachtungen und Befragungen.

7.3.3.1 Beobachtung:

Hier wird das Verhalten der Mitarbeiter beobachtet, ohne dass die Personalcontroller aktiv tätig werden.

7.3.3.2 Befragungen:

Bei dieser Methode werden Informationen durch den Dialog mit Mitarbeitern gewonnen.

7.3.3.3 Experiment:

Diese Form der qualitativen Datenerhebung konfrontiert Mitarbeiter zielgerichtet mit verständlichen Situationen, um dann deren Reaktionen aufzuzeichnen.

Viele der für das Personalmanagement wichtigen Fragen können nur beantwortet werden, indem Mitarbeiter in bestimmten Arbeitssituationen beobachtet werden. Es können zum Beispiel folgende Verfahren eingesetzt werden, um die Fragen zu beantworten.

7.3.4 Beobachtungs- u. Befragungsmethoden

7.3.4.1 Zeitaufnahmeverfahren

Das Zeitaufnahmeverfahren ist eine Protokollierung von Zeiten, die der Mitarbeiter für bestimmte Aufgaben u. Prozesse braucht. Es stehen dabei auch technische Hilfsmittel zur Verfügung. Es ist zu beachten, dass diese Mittel mitbestimmungspflichtig sind.

Aus diesem Grund sollte sichergestellt werden, dass mehrere Beobachter eingesetzt werden, eine Anleitung und Dokumentation erfolgt und dass die technischen Mittel funktionieren.

7.3.4.2 Selbstaufschreibungsverfahren

Wie der Name schon sagt, erfassen die Mitarbeiter ihre Zeiten für bestimmte Aufgaben selbst.

Durch dieses Verfahren wird zum einen der Aufwand für die Beobachtung geringer, zum anderen bedeutet es für die Mitarbeiter mehr Autonomie. Allerdings kann es zu Problemen kommen, da die Mitarbeiter die Ergebnisse in eigenem Interesse manipulieren könnten.

7.3.4.3 Multimomentstudien

Bei den Multimomentstudien handelt es sich um ein Beobachtungsverfahren mittels Stichproben. Es wird eine Reihe von Beobachtungen vorgenommen, wobei der Zeitpunkt zufällig gewählt wird. Anhand der so gewonnen Stichproben werden dann Rückschlüsse auf die Dauer und die relative Häufigkeit von Arbeitsschritten gezogen.

Durch die Stichproben kann mit großer Wahrscheinlichkeit ausgerechnet werden, wie viel Zeit ein Mitarbeiter für eine bestimmte Tätigkeit benötigt und wie lange der Arbeitsprozess dauert.

7.3.5 Interviews

Grundsätzlich lassen sich drei Formen von Interviews unterscheiden:

1. Standardisierte Interviews
2. Nicht standardisierte Interviews
3. Halbstandardisierte Interviews

7.3.5.1 Standardisierte Interviews

Hier werden jedem Mitarbeiter die gleichen Fragen in identischer Reihenfolge gestellt. Dadurch sind die Antworten besonders gut miteinander vergleichbar.

7.3.5.2 Nicht standardisierte Interviews

Bei diesem Interviewverfahren sind keine Fragestellungen vorgegeben. Diese ergeben sich erst beim Interview selbst und hängen von dem ab, was der Mitarbeiter zu erzählen hat. Jedes Interview kann also völlig anders sein, als die zuvor oder danach geführten. Daraus folgt, dass die verschiedenen Antworten nicht miteinander verglichen werden können.

7.3.5.3 Halbstandardisierte Interviews:

Hier handelt es sich um eine Mischform aus standardisierten und nicht standardisierten Interviews.

Die Interviews haben dabei grundsätzlich die gleiche Struktur und behandeln gleiche Themen, die jedoch unterschiedlich umfangreich besprochen werden können.

7.3.6 Mitarbeiterbefragung

Die Mitarbeiterbefragung ist ein vielfach anwendbares Werkzeug, das insbesondere qualitative Erfolgsfaktoren erforscht. Das Instrument der Mitarbeiterbefragung misst beispielsweise die Mitarbeiterzufriedenheit, das Führungsverhalten und das Betriebsklima innerhalb eines Unternehmens.

Durch die Mitarbeiterbefragung können zahlreiche für das Personalcontrolling wichtige Informationen gesammelt werden.

Mitarbeiterbefragungen können von verschiedenen Interessengruppen ins Leben gerufen werden, zum Beispiel von:

1. der Geschäftsleitung
2. der Bereichsleitung
3. der Personalleitung
4. dem Betriebsrat oder den Mitarbeitern selbst

Eine wichtige Voraussetzung um die Ergebnisse einer Mitarbeiterbefragung sinnvoll nutzen zu können ist die Unterstützung des Betriebsrates. Besonders wichtig ist die Einhaltung des Mitbestimmungsrechts des Betriebsrates gemäß § 94 BetrVG.

Neben der Hauptvoraussetzung – Vertrauen zwischen Vorgesetzten, Personalabteilung und Mitarbeiter – müssen noch andere Dinge, wie. z.B. Akzeptanz gewährleistet sein, damit eine Mitarbeiterbefragung erfolgreich ist. Faktoren um die Akzeptanz zu erhöhen sind z.B. garantierte Anonymität, Transparenz bezüglich der Ziele und Durchführung, Veröffentlichung der Ergebnisse oder die Einbeziehung, wenn im Anschluss Methoden und Maßnahmen entwickelt werden.

7.3.6.1 Grobkonzept

In einem groben Konzept sollten zunächst die Themenkreise, der inhaltliche Umfang und die Breite der Mitarbeiterbefragung festgelegt werden.

Bei der Festlegung des inhaltlichen Umfangs sollte beachtet werden, ob sich der Aufwand bei Beantwortung und Auswertung der Fragen auch wirklich lohnt.

Was die Breite der Befragung angeht, so stehen verschiedene Möglichkeiten zur Verfügung:

1. Vollerhebung:
   Bei der sog. „Vollerhebung" werden alle Mitarbeiter befragt.
2. Teilerhebung:
   Die Befragung erstreckt sich nur auf bestimmte Teile der Belegschaft.
3. Stichprobenbefragung:
   Diese Form eignet sich besonders bei häufiger und zyklisch durchgeführten Befragungen, da so der Aufwand geringer ist.

Anschließend an das Grobkonzept wird ein Feinkonzept entwickelt. Bei dem Feinkonzept handelt es sich um eine Weiterführung und Konkretisierung des Grobkonzepts.

7.3.6.2 Feinkonzept

Das Feinkonzept umfasst folgende Überlegungen:

- konkreter Zeitpunkt od. Zeitraum
- Ablauforganisation:
  es muss gewährleistet sein, dass alle Mitarbeiter ihre Fragebögen rechtzeitig erhalten und wieder abgeben können

- Medium:
  hier wird entschieden, wie die Befragung zu erfolgen hat:
  - persönlich
  - schriftlich oder
  - online
- inhaltliche und formale Gestaltung der Fragen bzgl.:
  - Umfang,
  - Frageform (offene oder geschlossene Fragen),
  - Skalen (z.B. 1 -10),
  - Erhebung von Wichtigkeit (wie wichtig findet der Mitarbeiter …),
  - demographische Daten (Alter, Geschlecht usw.),
  - formale Gestaltung bzw. Struktur (Übersichtlichkeit)

Bei der Planung sollte auch die Überlegung angestellt werden, wie die Rücklaufquote hoch genug ausfällt, damit die Mitarbeiterbefragung aussagekräftiger ist. Um die Rücklaufquote zu steigern, könnte man den Mitarbeitern einen besonderen Anreiz (Belohnung) bieten.

7.3.7 Personalportfolio

Bei einem Personalportfolio handelt es sich um eine Darstellung wichtiger personalstrategischer Informationen in einer zweidimensionalen Matrix.

Es bietet sich an die direkten Vorgesetzten zu befragen um die Mitarbeiter beurteilen zu können. Allerdings kann es zu Schwierigkeiten kommen, wenn der jeweilige Vorgesetzte nicht objektiv genug ist. Aus diesem Grund ist es ratsam, Führungskräfte anderer Unternehmensbereiche oder externe Berater mit einzubeziehen.

Die gerade beschriebene Personalportfolio-Matrix kann folgendermaßen aussehen.

7.3.7.1 Beispiel einer Personalportfolio-Matrix

Eine Personalportfolio-Matrix sieht folgendermaßen aus:

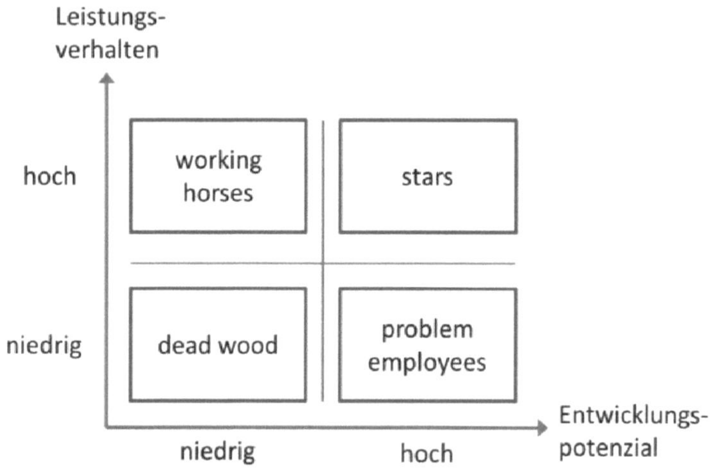

Abb. 17 Beispiel einer Personalportfolio-Matrix

Wie die oben dargestellten Bezeichnungen definiert werden, wird im Folgenden geschildert.

workinghorses:

- hohe Bindung der Mitarbeiter an das Unternehmen
- aber geringes Entwicklungspotenzial
- z.B. ältere Mitarbeiter

deadwood:

- geringer Bindungswille führt zu niedrigem Entwicklungspotenzial

problememployees:

- Mitarbeiter bei denen nicht klar ist, ob sie langfristig im Unternehmen bleiben oder ihre Position nutzen, um die Karriere anzukurbeln
- z.B. Nachwuchskräfte

stars:

- hoch motivierte Mitarbeiter
- stehen dem Unternehmen langfristig zur Verfügung

- es sollten Anreizsysteme entworfen und Motivationsimpulse gegeben werden, um das Abwanderungsrisiko zu verringern.

7.3.8 Stärken- und Schwächenanalyse

Die Stärken- und Schwächenanalyse, die auch als Ressourcen- und Potenzialanalyse bezeichnet werden kann ist universal einsetzbar. Mit ihr können die Stärken und Schwächen der Mitarbeiter oder der Personalarbeit ermittelt werden.

Diese Analyse hat das Ziel Stärken so gut es geht weiterzuentwickeln und Schwächen so schnell wie möglich zu beseitigen.

Es ist möglich die Stärken und Schwächen einzelner Personen grafisch darzustellen, dies geschieht mit der Stärken-Schwächen-Profil-Analyse. Nachfolgende Abbildung zeigt beispielhaft, wie eine solche Stärken- und Schwächenanalyse aussieht.

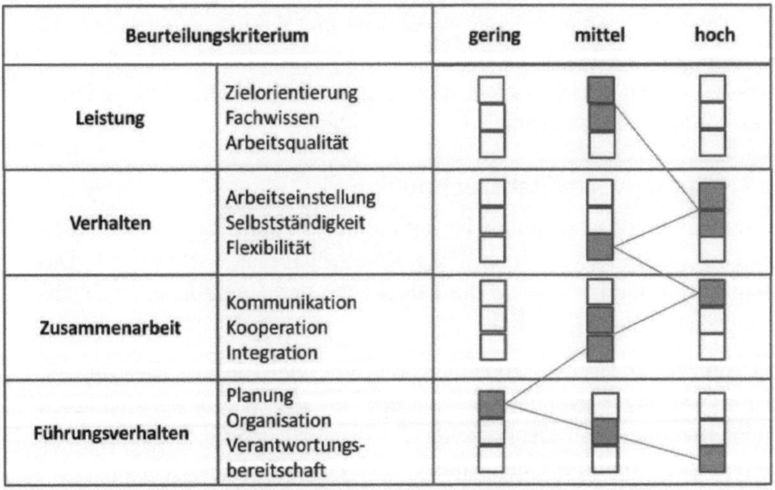

Abb.18 Beispiel einer Stärken- Schwächen-Analyse (Auszug)

Bei den Stärken und Schwächen handelt es sich um relative Größen. Damit ist gemeint, dass die tatsächliche Wirkung eines Mitarbeitermerkmals erst im Vergleich mit dessen Kollegen festgestellt werden kann. Erst nach dem direkten Vergleich wird klar, ob ein bestimmtes Verhalten vorteilhaft ist oder doch eher nachteilig.

Möglichkeiten, Gefahren, Stärken und Schwächen werden als Profil dargestellt. Bei Erstellung eines Profils sind bestimmte Schritte einzuhalten.

7.3.8.1 Schritte zur Profilerstellung bei der Stärken- und Schwächenanalyse

Zur Erstellung eines Profils müssen folgende Schritte gegangen werden:

1. Suche nach Oberkriterien, die beurteilt werden können
2. Untergliederung in einzelne Teilkriterien
3. Festlegung einer Skala, in die die Beurteilung eingetragen wird
4. Beurteilungen und Bewertungen werden graphisch miteinander verbunden, so erhält man für jede Teiluntersuchung Profile, die Stärken und Schwächen aufzeigen
5. Zum Schluss werden die Profildarstellungen ausgewertet, wodurch klar wird, welche Stärken, aber auch welche Schwächen vorhanden sind. Es wird sichtbar, welche Risiken bestehen und was verbesserungswürdig ist.

Diese Form der Analyse ist jedoch nicht nur positiv zu bewerten, sondern hat auch Nachteile. Es ist zum Beispiel schwierig, die richtigen Kriterien auszuwählen, außerdem müssen die nötigen und vor allem aussagekräftigen Informationen beschafft werden. Ein weiterer Punkt der unbedingt Beachtung finden muss, ist die Tatsache, dass Subjektivität nicht gänzlich ausgeschlossen werden kann.

7.3.9 Humanvermögensrechnung

Die Humanvermögensrechnung basiert auf der Vorstellung, dass Mitarbeiter als Investitionsgut und nicht als Kostenfaktor anzusehen sind. Das Humankapital umfasst sowohl die Fähigkeiten und Kenntnisse der Mitarbeiter, als auch ihre Motivation.

Der Grund dafür ist, dass erkannt wurde, wie viel Einfluss die Nutzung und Entwicklung personeller Ressourcen auf die Wettbewerbsfähigkeit des Unternehmens hat. Denn gerade das Personal ist unternehmensspezifisch und sorgt somit für Unterschiede, auch bei Branchengleichheit.

Durch die Humanvermögensrechnung, soll mehr Transparenz im Hinblick auf die wirtschaftliche Bedeutung des Faktors Personal erreicht werden und so wird dargestellt, wie groß der Beitrag des Personals zum gesamten Unternehmenserfolg ist.

Ziel der Humanvermögensrechnung ist es also, eine Wertgröße für das gesamte Personal eines Unternehmens festzulegen. Diese Wertgröße kann dann für viele Managementfunktionen verwendet werden. Bei der Humanvermögensrechnung gibt es wie auch bei anderen Personalcontrollinginstrumenten verschieden Sichtweisen bzw. Perspektiven.

7.3.9.1 Perspektiven der Humanvermögensrechnung

- Individualperspektive:
  Hier geht es um die Bewertung des einzelnen Mitarbeiters.
- Unternehmensperspektive:
  Bei dieser Perspektive spielen insbesondere Managementfunktionen eine Rolle.
- Umweltperspektive:
  Dabei sind besonders die Interessen der Stakeholder bezogen auf den Wert der Personalressourcen von Bedeutung.

Das Interesse an der Humanvermögensrechnung ist in den letzten Jahren deutlich gestiegen, da sie vielfältig eingesetzt werden kann. Humanvermögensrechnung dient unter anderem der Erhöhung der Transparenz, da mit ihrer Hilfe der Wert von Humanressourcen dokumentiert wird. Mittels Humanvermögensrechnung kann auch die Managementqualität gemessen werden. Ferner dient sie dazu, Maßnahmen des Personalmanagements zu planen, zu steuern und zu kontrollieren.

Die Humanvermögensrechnung macht den Führungskräften den Wert der Menschen (Humanressourcen) im Unternehmen deutlich.

Im Laufe der Zeit haben sich unterschiedlichste Ansätze für die Humanvermögensrechnung entwickelt.

7.3.9.2 Ansätze der Humanvermögensrechnung

- Kostenorientierte Ansätze
  Hier ist der Name Programm, d. h. das Personalvermögen wird anhand der Kosten beurteilt, die für die Personalressourcen entstehen. Dabei werden nicht nur die Anschaffungskosten, sondern auch die Wiederbeschaffungs- und Opportunitätskosten berücksichtigt.
- Erfolgsorientierte Ansätze
  Bei diesen Ansätzen soll festgestellt werden welchen Anteil die Personalressourcen am Erfolg haben.
- Indikatorbezogene Ansätze
  Mittels dieser Ansätze soll gezielt auf nicht-monetäre-Größen eingegangen werden. Es werden hier also insbesondere Kennzahlen im Hinblick auf die Motivation, die Bindung, die Qualifikation der Mitarbeiter und auf die Organisation betrachtet.

- Integrierte Ansätze

  Integrierte Ansätze haben sich erst in den letzten Jahren entwickelt und haben das Ziel die zuvor geschilderten Ansätze zu kombinieren und so die Aussagekraft zu steigern.

Die Ergebnisse von Humanvermögensrechnungen können als Entscheidungshilfen herangezogen werden.

Die Komponente Humankapital soll messbarer, vergleichbarer gemacht und sowohl unternehmensintern als auch unternehmensextern als Entscheidungsgrundlage genutzt werden können. Aus diesem Grund gibt es so genannte Sozialbilanzen, auf die anschließend näher eingegangen wird.

Auch wenn in der Humanvermögensrechnung der Begriff Humankapital verwendet wird ist an diesem Punkt klarzustellen, der Mitarbeiter gehört nicht dem Unternehmen, er ist kein Eigentum!

7.3.10 Sozialbilanzen

Sozialbilanzen beinhalten unter anderem Kennzahlen zur Struktur und Entlohnung der Mitarbeiter aber auch zur Arbeitssicherheit.

Sie haben vor allem die Aufgabe externe Interessengruppen, wie z.B. Anteilseigner oder den Staat, zu informieren. Ferner haben sie das Ziel die klassische Rechnungslegung und Berichterstattung von Unternehmen zu verändern bzw. zu vertiefen. Dadurch soll mehr Transparenz in Bezug auf die Wahrnehmung sozialer Verantwortungen von Unternehmen geschaffen werden.

8 Rechtliche Bestimmungen

Ein Punkt, der dringend zu berücksichtigen ist bei der Anwendung von Personalcontrolling jeder Art, ist die Tatsache, dass häufig mit sensiblen und personenbezogenen Daten gearbeitet wird und werden muss.

Aus diesem Grund ist eine enge Zusammenarbeit zwischen dem fürs Personalcontrolling Verantwortlichen und dem Datenschutzbeauftragten ist unabdingbar. Wer Datenschutzbeauftragter sein kann, welche Aufgaben mit dieser Tätigkeit verbunden sind und der Ablauf der Bestellung eines solchen Betriebsbeauftragten ergeben sich aus dem Bundesdatenschutzgesetz (BDSG).

Auch die Rechte des Betriebsrates sind beim Personalcontrolling zu beachten.

8.1 Rechte des Betriebsrates im Personalcontrolling

Der Betriebsrat hat im Bereich des Personalcontrollings eine ganze Reihe von Mitbestimmungs- und anderen Rechten.

Wird das Personalcontrolling richtig angewendet, kann es die vertrauensvolle Zusammenarbeit zwischen Unternehmen und Betriebsrat sogar fördern.

8.1.1 Bei Einführung eines Personalcontrollingsystems

Die Einführung eines Personalcontrollingsystems ist grundsätzlich nicht mitbestimmungspflichtig. Doch trotzdem sind Mitbestimmungsrechte gem. § 87 BetrVG zu beachten. Bei Einführung eines Personalcontrollings ist dem Betriebsrat mitzuteilen,

- welche Daten von welchen Mitarbeitern zur Verfügung gestellt werden
- in welchen Zeitabständen dies geschehen soll
- wie die Daten beschafft werden und mit welchen Programmen
- wer die Daten auswertet
- wie die Daten geschützt werden, damit es keinen unbefugten Zugriff gibt
- wem die ermittelten Daten vorgelegt werden und in welcher Form z.B. durch Listen, Graphiken oder Kennzahlen usw.

Eine der wichtigsten Normen bezüglich der Mitbestimmung des Betriebsrates im Personalcontrolling ergibt sich aus § 87 Abs. 1 Nr. 6 BetrVG.

„Der Betriebsrat hat, soweit eine gesetzliche oder tarifliche Regelung nicht besteht, in folgenden Angelegenheiten mitzubestimmen:

[...]

6. Einführung und Anwendung von technischen Einrichtungen, die dazu bestimmt sind, das Verhalten oder die Leistung der Arbeitnehmer zu überwachen."

Mitbestimmungspflicht besteht also dann, wenn das Personalcontrolling Daten aus technischen Einrichtungen nutzt.

8.1.2 Rechte bei der Lohngestaltung und Entlohnungsgrundsätzen

Auch die Fragen der betrieblichen Lohngestaltung, insbesondere die Aufstellung von Entlohnungsgrundsätzen sowie die Einführung und Anwendung von neuen Entlohnungsmodellen sowie deren Änderung spielen im Personalcontrolling eine Rolle und sind gem. § 87 Abs. 1 Nr. 10 BetrVG mitbestimmungspflichtig.

Dazu gehört auch die Festsetzung von Akkord- und Prämiensätzen sowie vergleichbare Entgelte, die sich auf die Leistung beziehen (§ 87 Abs. 1 Nr. 11 BetrVG).

8.1.3 Bei der Beurteilung von Personal

Insbesondere bei der Einführung oder Veränderung von Systemen zur Personalbeurteilung haben Betriebsräte eine relativ starke Position. Nach § 94 Abs. 2 BetrVG hat der Betriebsrat bei der Entwicklung allgemeiner Beurteilungsgrundsätze ein Mitbestimmungsrecht. Nach herrschender Meinung umfasst diese Vorschrift alle Regeln, Richtlinien und Systeme zur Beurteilung von Bewerbern und bereits beschäftigter Arbeitnehmer. Diese Regelung umfasst also, sämtliche Kriterien, die ein Bewerber erfüllen muss, um eingestellt zu werden (Vorstellungsgespräche, Einstellungstest, ACs oder auch Personalbeurteilungen).

8.1.4 Informationsrechte des Betriebsrates

Die Rechte des Betriebsrates umfassen neben den gerade geschilderten Mitbestimmungsrechten auch einfache Informationsrechte, wie z.B. allgemeine Informationsrechte.

- allgemeine Informationsrechte, beinhalten z.B. Informationen über:
  - die geplanten Ziele des Beurteilungsverfahrens
  - den Beurteilungsbogenentwurf
  - evtl. die Beurteilungskriterien einschließlich deren Definition
  - die Verwendung der erhobenen Daten.

8.1.5 Rechte des Betriebsrates bei der Personalplanung

Bei der Personalplanung, gem. § 92 Abs. 1 S. 1 BetrVG ist der Betriebsrat wie folgt einzubeziehen:

„Der Arbeitgeber hat den Betriebsrat über die Personalplanung, insbesondere über den gegenwärtigen und künftigen Personalbedarf sowie über die sich daraus ergebenden personellen Maßnahmen und Maßnahmen der Berufsbildung an Hand von Unterlagen rechtzeitig und umfassend zu unterrichten."

Diese Vorschrift erstreckt sich demnach auf folgende Personalplanungsbestandteile:

- Personalbedarfsplanung
- Personalbeschaffungsplanung
- Personalentwicklungsplanung
- Personaleinsatzplanung
- Personalabbauplanung

8.1.5.1 Bei der Personalbeschaffung

Die Mitwirkung des Betriebsrates bei der Personalbeschaffung zeigt sich durch die §§ 93 und 95 Abs. 1 BetrVG. Demnach kann der Betriebsrat verlangen, dass zu besetzende Arbeitsplätze vor ihrer Besetzung innerhalb des Unternehmens ausgeschrieben werden. Generell benötigen Richtlinien über die personelle Auswahl bei Einstellungen, aber auch bei Versetzungen, Umgruppierungen und Kündigungen die Zustimmung des Betriebsrates.

8.1.5.2 Bei der Personalentwicklung

Auch die Rechte des Betriebsrates im Hinblick auf die Personalentwicklung sind gesetzlich verankert.

Gemäß § 96 Abs. 1 BetrVG haben der Arbeitgeber und der Betriebsrat die Berufsbildung der Arbeitnehmer zu fördern. Auf Verlangen des Betriebsrats hat der Arbeitgeber den Bildungsbedarf zu ermitteln. Außerdem haben

Betriebsrat und Arbeitgeber darauf zu achten, dass den Arbeitnehmern ermöglicht wird an betrieblichen und außerbetrieblichen Maßnahmen teilzunehmen. Dabei ist allerdings die betriebliche Notwendigkeit zu berücksichtigen.

Auch über die Errichtung und Ausstattung von Einrichtungen zur Berufsbildung und die Einführung von Berufsbildungsmaßnahmen auf betrieblicher Ebene sowie über die Teilnahme an außerbetrieblichen Berufsbildungsmaßnahmen haben sich Arbeitgeber und Betriebsrat zu beraten (§ 97 Abs. 1 BetrVG).

§ 98 Abs. 1 BetrVG besagt, dass der Betriebsrat bei der Durchführung von Maßnahmen der betrieblichen Berufsbildung mitzubestimmen hat. Er kann sogar der Bestellung einer mit der Durchführung der betrieblichen Berufsbildung beauftragten Person widersprechen oder ihre Abberufung verlangen, wenn diese die berufliche und fachliche Eignung im Sinne des Berufsbildungsgesetzes (BBiG) nicht besitzt oder ihre Aufgaben vernachlässigt (§ 98 Abs. 2 BetrVG).

8.1.5.3 Bei der Personaleinsatzplanung

Bei der Personaleinsatzplanung hat der Betriebsrat ebenfalls Rechte. § 91 S. 1 BetrVG besagt z.B.: *„Werden die Arbeitnehmer durch Änderungen der Arbeitsplätze, des Arbeitsablaufs oder der Arbeitsumgebung [...], in besonderer Weise belastet, so kann der Betriebsrat angemessene Maßnahmen zur Abwendung, Milderung oder zum Ausgleich der Belastung verlangen.“*

Ferner hat der Betriebsrat eine Mitbestimmung bei so genannten personellen Einzelmaßnahmen gem. § 99 Abs. 1 BetrVG.

„In Unternehmen mit in der Regel mehr als zwanzig wahlberechtigten Arbeitnehmern hat der Arbeitgeber den Betriebsrat vor jeder Einstellung, Eingruppierung, Umgruppierung und Versetzung zu unterrichten, ihm die erforderlichen Bewerbungsunterlagen vorzulegen und Auskunft über die Person der Beteiligten zu geben; er hat dem Betriebsrat unter Vorlage der erforderlichen Unterlagen Auskunft über die Auswirkungen der geplanten Maßnahme zu geben und die Zustimmung des Betriebsrats zu der geplanten Maßnahme einzuholen.“

8.1.6 Bei der Personalabbauplanung

Bei der Personalabbauplanung verfügt der Betriebsrat gem. § 102 BetrVG über ein Mitbestimmungsrecht. Diese Regelung sagt, dass der Betriebsrat vor jeder Kündigung zu hören ist. Dabei hat der Arbeitgeber ihm die Gründe für die Kündigung mitzuteilen. Wurde der Betriebsrat vorher nicht angehört, ist die Kündigung unwirksam.

Hat der Betriebsrat Bedenken gegen eine Kündigung hat er eine Woche Zeit eine schriftliche Stellungnahme gegenüber dem Arbeitgeber abzugeben, tut er dies nicht, gilt seine Zustimmung als erteilt (§ 102 Abs. 2 BetrVG).

Kündigt der Arbeitgeber trotz Widerspruch des Betriebsrates ist er verpflichtet dem Arbeitnehmer neben der Kündigung die Stellungnahme des Betriebsrates zuzuleiten. Dies kann in einem folgenden Klageverfahren ein Vorteil für den Arbeitnehmer sein.

8.1.7 Kurze Zusammenfassung der Rechte des Betriebsrates

Abschließend ist zu sagen, dass die Rechte des Betriebsrates grundsätzlich immer dann zu beachten sind, wenn personenbezogene bzw. personenidentifizierbare Daten genutzt werden.

Das gleiche gilt, wenn der Arbeitnehmer von einer Maßnahme durch den Arbeitgeber stark in seinem Arbeitsalltag und auch in seinem Privatleben betroffen ist, wie z.B. bei einer Veränderung der Arbeitszeit, einer Versetzung, einer Umgruppierung oder Ähnlichem. Der Betriebsrat sollte dabei so früh wie möglich einbezogen werden. Also rechtzeitig um noch Einfluss auf die Entscheidungsfindung des Arbeitgebers einwirken zu können.

9 Fazit

Es gibt sehr viele verschiedene Formen, Methoden und Instrumente um Personalcontrolling zu betreiben. Und jede einzelne Variante hat ihre Vor- und Nachteile.

Grundsätzlich ist zu sagen, dass durch Personalcontrolling die Personalverantwortlichen, verschiedene Planungsaktivitäten unterstützt und die Transparenz der einzelnen Unternehmensabläufe erhöht werden sollen.

So schön die Transparenz verschiedener Unternehmensabläufe für den Mitarbeiter auch ist, so nachteilig kann sie für ihn werden. Einige der Personalcontrollinginstrumente mögen sicherlich eine unterstützende Funktion haben, die auch den Mitarbeitern zu Gute kommen, wie zum Beispiel das Benchmarking und natürlich auch die Mitarbeiterbefragung. Denn so ist es den Mitarbeitern möglich, bei der Befragung ihre Meinung anonym ohne jegliche Angst vor Konsequenzen zu äußern. Das Benchmarking erweist sich meiner Meinung nach als vorteilhaft für die Arbeitnehmer, weil das gesamte Unternehmen durch diese Vorgehensweise profitieren kann. Die Konkurrenz- und Wettbewerbsfähigkeit kann so gesteigert werden und dadurch auch die Sicherheit der Arbeitsplätze der einzelnen Arbeitnehmer.

Auch das System der Balanced Scorecard halte ich für positiv, da auf sämtliche Aspekte eines Unternehmens eingegangen werden kann und nicht nur die Kosten für Entscheidungen ausschlaggebend sind. Dies wirkt sich vorteilhaft auf die Produktqualität und auf das Image des Unternehmens aus.

Ich bin der Ansicht, dass Personalcontrolling in einem gesunden Maße mit überwiegender Unterstützungsfunktion insgesamt positiv zu bewerten ist. Dabei ist aber nur diese helfende, beratende und unterstützende Variante positiv zu bewerten. Ein gewisses Maß an Kontrolle schadet sicherlich nicht, doch einige Methoden wie die Beobachtung dienen regelrecht der Überwachung der Arbeitnehmer.

Ein solches Verhalten der Arbeitgeber kann sich auf Dauer nur negativ auswirken. Die Arbeitnehmer sind verunsichert, fühlen sich nicht wohl und machen mehr Fehler. Es kann zu erhöhten Krankmeldungen kommen. Ganz zu schweigen von einem möglichen Imageschaden des Unternehmens bei bekannt werden solcher Methoden, wie kürzlich erschienene Pressemitteilungen gezeigt haben.

Besonders positiv finde ich Controllingmethoden, bei denen die Mitarbeiter eines Unternehmens bei der Entwicklung von möglichen Verbesserungsmaßnahmen mit einbezogen werden. Denn dadurch kann das „Wir-Gefühl" und somit auch die Motivation gesteigert werden. Was wiederum eine Verbesserung der Mitarbeiterzufriedenheit und -loyalität zur Folge hat. Dies führt dazu, dass die Fluktuation möglichst gering bleibt. Außerdem sind Mitarbeiter, die sich in einem Unternehmen wohl fühlen leistungsbereiter und -fähiger. So kann ein größerer Beitrag zum Unternehmenserfolg geleistet werden.

Wie wichtig und breit gefächert das Personalcontrolling mittlerweile geworden ist zeigt eine Studie der Deutschen Gesellschaft für Personalführung aus dem Jahre 2007. So hatte das Personalcontrolling in 82 Prozent der befragten Unternehmen in den letzten drei Jahren an Bedeutung gewonnen. Und ein Großteil der Befragten Personalmanager (87 Prozent) ging davon aus, dass dieser Trend auch in den nächsten drei Jahren zu verzeichnen ist. In knapp 50 Prozent der befragten Unternehmen dienten die vom Personalcontrolling erstellten Berichte regelmäßig als Entscheidungsgrundlage.

Viele der in der oben genannten Studie betrachteten Unternehmen verwendeten Mitarbeiter- und Kundenbefragungen, Zielvereinbarungen,, Szenario Techniken, Personalportfolios, Stärken u. Schwächenanalyse, Benchmarking oder Mitarbeiterbeurteilungen als Personalcontrollinginstrumente. Ganze 94,3 Prozent benutzten bereits quantitative Kennzahlen und qualitative Kennzahlen wurden von über 50 Prozent der Unternehmen herangezogen.

Doch auch wenn dies alles sehr erfolgversprechend klingt ist folgendes nicht zu vergessen und vor allem nicht zu unterschätzen.

Problematisch beim Personalcontrolling ist es, dass es sich hier um Subjekte handelt. Die hier betrachtete Ressource hat also keinen Objektcharakter, der die Beobachtung und Beurteilung erleichtern würde. Es ist immer zu berücksichtigen, dass das Personal aus Menschen besteht, die ihr eigenes Denken und Handeln haben, was sie mitunter unberechenbar machen kann. Aus diesem Grund müssen Ziele, Bedürfnisse und Erwartungen individuell für den einzelnen Mitarbeiter beachtet werden. Besondere Berücksichtigung muss im Hinblick auf das Potenzial des Mitarbeiters die Tatsache finden, dass jeder Mitarbeiter über eigene Qualifikationen und Motivationen verfügt.

Um Unternehmenserfolg erbringen zu können müssen aber neben der Arbeitsleistung auch weitere Faktoren, wie z.B. Strategie, Organisation und Technologie herangezogen werden.

Abschließend ist zu sagen, Personalcontrolling kann eine gute und hilfreiche Möglichkeit für das Unternehmen sein. Doch es darf niemals vergessen werden, dass wir es dabei mit Menschen (Individuen) zu tun haben, deren Einzigartigkeit berücksichtigt werden muss. Ferner ist genau darauf zu achten, dass diese Menschen in ihrer Würde und ihren in der Verfassung verankerten Grundrechten nicht verletzt werden.

Abbildungsverzeichnis

Tabellenverzeichnis

Stichwortverzeichnis

0-9

A

B

D

E

F

P

Q

R

S

T

U

Z

Literaturverzeichnis

ALBERT, GÜNTHER: Betriebliche Personalwirtschaft, 7. aktualisierte und erweiterte Auflage, Kiehl Verlag, 2005

ARMUTAT, SASCHA: Organisation des Personalmanagements, Expertise-Center, Service-Center, Key-Account-Personalmanagement, 1. Auflage, Bertelsmann Verlag, 2007

BARTSCHER, THOMAS; HUBER, ANNE: Praktische Personalwirtschaft, Eine praxisorientierte Einführung, 2. Auflage, Gabler Verlag, 2007

BECK-TEXTE: Arbeitsgesetze mit den wichtigsten Bestimmungen zum Arbeitsverhältnis, Kündigungsrecht, Arbeitsschutzrecht, Berufsbildungsrecht, Tarifrecht, Betriebsverfassungsrecht, Mitbestimmungsrecht und Verfahrensrecht, 76. neu bearbeitete Auflage, Deutscher Taschenbuch Verlag, 2010

BREISIG, THOMAS: Personalbeurteilung, Mitarbeitergespräche und Zielvereinbarungen regeln und gestalten, 3. Auflage, Bund-Verlag, 2005

BRINKMANN, HANS: Personalcontrolling als Wertschöpfung, Heider Verlag, 1991

BRÖCKERMANN, REINER: Personalwirtschaft, Lehr- und Übungsbuch für Human Resource Management, 3. und 5. Auflage, Schäffer Poeschel Verlag, 2003 und 2009

BRÖCKERMANN, REINER; MÜLLER-VORBRÜGGEN, MICHAEL: Qualitätskonzepte im Personalmanagement, Grundlagen und Fallbeispiele, Schäffer Poeschel Verlag, 2007

BÜHNER, ROLF: Mitarbeiter mit Kennzahlen führen, Der Quantensprung zu mehr Leistung, 3. durchgesehene Auflage, mi-verlag, 1997

CZENSKOWSKY, TORSTEN; SCHÜNEMANN, GERHARD; ZDROWOMYSLAW, NORBERT: Grundzüge des Controlling, Lehrbuch der Controlling-Konzepte und -Instrumente, 3. überarbeitete Auflage, Deutscher Betriebswirte-Verlag, 2010

DAS PERSONAL-BÜRO: Personalmanagement, Gruppe 24, Personalcontrolling, Heft 10/01

DEUTSCHE GESELLSCHAFT FÜR PERSONALFÜHRUNG E.V. DÜSSELDORF: Personalcontrolling für die Praxis, Konzept-, Kennzahlen- Unternehmensbeispiele, Bertelsmann Verlag, 2009

Deutsche Gesellschaft für Personalführung e.V. Düsseldorf: Personalcontrolling in der Praxis, Schäffer-Poeschel Verlag, 2001

Deutsche Gesellschaft für Personalführung e.V. Düssledorf: Human Capital messen und steuern, Annäherungen an ein herausforderndes Thema, Bertelsmann Verlag, 2007

Eggers, Bernd; Eickhoff, Martin: Instrumente des strategischen Controlling, Gabler Verlag, 1996

Gmelin, Volker: Effizientes Personalmanagement durch Personalcontrolling, von der Idee zur Realisierung, V.M.M. Fachverlag, 1995

Hering, Ekbert; Rieg Robert: Prozessorientiertes Controlling-Management, 2. Auflage, Carl Hanser Verlag, 2002

Holtbrügge, Dirk: Personalmanagement, 3. Auflage, Springer Verlag, 2007

Jansen, Thomas: Personalcontrolling, Kompakttraining, Praktische Betriebswirtschaft, Kiehl Verlag, 2008

Jung, Hans: Personalwirtschaft, 8. Auflage, Oldenbourg Verlag, 2008

Kießling-Sonntag, Jochem: Handbuch Mitarbeitergespräche, Führen durch Gespräche, Zentrale Gesprächstypen, Mitarbeiterjahresgespräche, Cornelsen Verlag, 2000

Knorr, Elke Margarethe: Professionelles Personalcontrolling in der Personalbeschaffung, Grundlagen – Instrumente – Ziele, VDM Verlag Dr. Müller, 2004

Kolb, Meinulf: Personalmanagement, Berlin Verlag, 1995

Kunz, Gunnar: Die Balanced Scorecard im Personalmanagement, Ein Leitfaden für Aufbau und Einführung, Campus Verlag, 2001

Lisges Guido; Schübbe Fred: Personalcontrolling, Personalbedarf planen, Fehlzeiten reduzieren, Kosten steuern, 3. Auflage, Haufe Verlag, 2009

Lourens, Johan; Brughmans, Ivo; Harbig, Andreas J.: Profitables Personalmanagement, Nachhaltige Wertschöpfung durch effiziente Organisation, Luchterhand Verlag, 2008

Olfert, Klaus: Kompakt-Training Personalwirtschaft, 5. Auflage, Kiehl Verlag, 2008

POTTHOF, ERICH; Trescher, Karl: Controlling in der Personalwirtschaft, de Gruyter Verlag, 1985

PREIßNER, ANDREAS: Praxiswissen Controlling, Grundlagen, Werkzeuge, Anwendungen, 5. erweiterte Auflage, Carl Hanser Verlag, 2008

PULTE, PETER: Betriebsbeauftragte in der Wirtschaft, Schriftenreihe zum Betriebs-/Gefahrenschutz, 4. Auflage, VPRM Verlag, 2009

SCHERM, EWALD; SÜß STEFAN: Personalmanagement, 2. Auflage, Vahlen Verlag, 2010

SCHMEISSER, WILHELM; CLERMONT, ALOIS: Personalmanagement, Praxis der Lohn- und Gehaltsabrechnung, Personalcontrolling, Arbeitsrecht, Verlag Neue Wirtschafts-Briefe GmbH & Co., 1999

SCHNECK, OTTMAR: Risikomanagement, Grundlagen, Instrumente, Fallbeispiele, Wiley-VCH Verlag, 2010

SCHULTE, CHRISTOF: Personal-Controlling mit Kennzahlen, 2. völlig überarbeitete und erweiterte Auflage, Vahlen Verlag, 2002

STELZER-ROTHE, THOMAS: Personal-Management für den Mittelstand, Sauer-Verlag, 2002

THÖMMES, JÜRGEN: Blinde Flecken in der Beurteilungspraxis? Eine systemtheoretisch-empirische Untersuchung zu Methoden der Potentialbeurteilung in Wirtschaftsorganisationen, Hampp Verlag, 1996

VOLLMUTH, HILMAR J.: Controlling-Instrumente von A-Z, 27 ausgewählte Werkzeuge zur Unternehmenssteuerung, 3. erweiterte Auflage, WRS Verlag, 1997

VOLLMUTH, HILMAR J.: Führungsinstrument Controlling, Planung, Kontrolle, Steuerung, 6. Auflage, Haufe Verlag, 2001

WEBER, JÜRGEN; SCHÄFFER UTZ: Balanced Scorecard & Controlling, Implementierung – Nutzen für Manager und Controller Erfahrungen in deutschen Unternehmen, 3. Auflage, Gabler Verlag, 2000

WEBER, WOLFGANG; FESTING MARION; DOWLING, PETER; SCHULER, RANDALL S.: Internationales Personalmanagement, Gabler Verlag, 1998

WIESNER, ALEXANDER: Kennzahlen im Personalcontrolling, Grundlagen der Implementierung, VDM Verlag, 2007

WOLF, KLAUS; RUNZHEIMER BODO: Risikomanagement und KonTraG, Konzeption und Implementierung, 3. überarbeitete und erweiterte Auflage, Gabler Verlag, 2001

WUNDERER, ROLF; JARITZ ANDRÉ: Unternehmerisches Personalcontrolling, Evaluation der Wertschöpfung im Personalmanagement, 5. vollständig überarbeitete Auflage, Luchterhand Verlag, 2008

WUNDERER, ROLF; VON ARX, SABINA: Personalmanagement als Wertschöpfungscenter, Unternehmerische Organisations-Konzepte für interne Dienstleister, 3. aktualisierte Auflage, Gabler Verlag, 2002

WÜTSCHER, TOBIAS: Effektives Personalcontrolling, Planung, Steuerung und Nutzung der Ressource Personal, VDM Verlag, 2006

ZDROWOMYSLAW, NORBERT: Personalcontrolling, Der Mensch im Mittelpunkt, Erfahrungsberichte, Funktionen und Instrumente, Deutscher Betriebswirte-Verlag, 2007

ZIEGENBEIN, KLAUS: Kompakt-Training Controlling, 3. überarbeitete Auflage, Kiehl Verlag, 2001

Böhnke

ePlacement - Outplacement 3.0

Kompaktwissen für die Praxis

Zunehmend volatile Märkte erfordern von Entscheidern entsprechend mehr Change & HR Transformationsmanagement. Bereits im Interesse von Arbeitgebermarke und Employer Branding sind HR Verantwortliche gefordert, Personalüberhänge nachhaltig, konfliktarm und sozialverträglich abzubauen.

In dem vorliegenden Buch beschreibt ePlacement-Pionier Christian M. Böhnke erstmals ausführlich sein Alternativkonzept ePlacement, welches heute bei mehreren internationalen Großunternehmen erfolgreich im Einsatz ist.

Neben begleitenden Fachbeiträgen namhafter Co-Autoren kommen im Rahmen von Kurzinterviews namhafte HR-Experten aus Wissenschaft und Top-Management zu Wort.

ISBN 978-3-941388-44-4 Preis der Printausgabe: 19,80 €

Bontrup, Hansen

Personalmanagement Kompakt

Schriften zur Personalwirtschaft

Das Buch „Personalmanagement Kompakt" ist eine Aufsatzsammlung von prominenten WissenschaftlerInnen und PraktikerInnen. Neben Fragen der Personalplanung und des Personalcontrollings werden das Problemfeld der Führung im Unternehmen sowie die Theorie und Praxis aktueller Managementkonzepte zur Modernisierung der Arbeitsorganisation angesprochen. Weitere Aufsätze beschäftigen sich mit einem internationalen Vergleich der Arbeitszeitorganisation im Betrieb und mit der theoretischen Analyse des Arbeitsentgeltes in Form eines volks- und betriebswirtschaftlichen Diskurses. Den Abschluss des Buches bildet ein Beitrag zur Unternehmenskultur, Partizipation und Mitbestimmung.

Die vorgelegte Aufsatzsammlung eignet sich sowohl für Studierende der Wirtschaftswissenschaft mit den Schwerpunkten Arbeitsökonomie und Personalbetriebswirtschaftslehre als auch für Praktiker im Bereich des Personalmanagement sowie für unternehmerische und betriebliche Mitbestimmungsträger.

ISBN 978-3-941388-40-6 Preis der Printausgabe: 29,80 €